Tim Altermatt
Mimikry

Der Zytglogge Verlag wird vom Bundesamt für Kultur mit einem Strukturbeitrag für die Jahre 2021–2025 unterstützt.

© 2025 Zytglogge Verlag, Schwabe Verlagsgruppe AG, Basel
Alle Rechte vorbehalten
Lektorat: Alisa Charté
Korrektorat: Ulrike Ebenritter
Umschlaggestaltung: Weiß-Freiburg GmbH
Layout/Satz: 3w+p, Rimpar
Druck: CPI books GmbH, Leck

Herstellerinformation: Zytglogge Verlag, Schwabe Verlagsgruppe AG,
Grellingerstrasse 21, CH-4052 Basel, info@zytglogge.ch
Verantwortliche Person gem. Art. 16 GPSR: Schwabe Verlag GmbH,
Marienstraße 28, D-10117 Berlin, info@schwabeverlag.de

ISBN: 978-3-7296-5178-4

www.zytglogge.ch

Tim Altermatt

Mimikry

Roman

ZYTGLOGGE

I swear, if I hear *Welcome To The Jungle* one more time, I'm going to disconnect the transmitter.

1

Und das Beschissene an so einem Brief ist ja, dass man ihn in tausend Stücke zerreißen kann und sich an der Realität trotzdem genau gar nichts ändert. Meistens macht man die Sache damit sogar noch schlimmer.

Und wäre ich nicht so in meine Recherchen auf digitalen Plattenbörsen vertieft gewesen, dann hätte ich Pierre gesagt, er solle den verdammten Brief hier und jetzt öffnen und sich wie ein erwachsener Mann, der er mit seinen irgendwasundfünfzig Jahren ja nun mal war, darum kümmern. Schließlich war er hier der Chef im Laden.

So lief es aber nicht.

Es war ein kühler Sommermorgen, und ich sprang wie immer um neun Uhr fünfzehn vor dem Drittel von meinem Fahrrad. Die übliche Viertelstunde Verspätung. Doch da vor zehn Uhr ohnehin nie Kundschaft kam, nahm ich mir noch zusätzlich die Zeit für eine vorgezogene Rauchpause.

Pierre hatte die Ladentür bereits aufgeschlossen, und während ich eine Zigarette aus der Packung pulte, warf ich einen Blick in den Briefkasten, aus dem die Post schon wieder fast überquoll.

Ich klemmte die Zigarette hinters Ohr, und mit einem kräftigen Öffnen der Ladentür ließ ich die Glocke läuten, was Pierre hinten im Büro als mein Einstempeln verstehen sollte.

Ich drehte meine übliche Kontrollrunde durch den Laden und fragte mich, was ich eigentlich genau kontrollierte. Die Luft stand still, Fussel und Staub zogen ihre trägen Runden. In einem Geschäft, das vollgestopft war mit Schallplatten, wirkte die Abwesenheit von Geräuschen besonders erdrückend. Das Drittel ohne Musik war der stillste Ort der Erde.

Ich ging zum abgewetzten Kassentresen, wo auch unser hauseigener uralter Plattenspieler stand, der noch aus Pierres Jugend stammte. Auf dem Teller lag von Maras gestriger Schicht noch eine Nicky-Hopkins-Platte. Ich holte *Breakfast in America* von Supertramp aus der 70er-Pop-Ecke, legte sie auf und setzte die Nadel auf den Start des dritten Songs, *Goodbye Stranger,* drehte auf und trat den Holzkeil unter die Tür, um das Lied bis auf die Straße hinaus hörbar zu machen. Kleiner Dienst an die Nachbarschaft.

Vor dem Laden zündete ich die Zigarette an, pfiff die Melodie mit und ging mit routinierten Bewegungen die Post durch. Zwischen all den Rechnungen trat ein Umschlag besonders hervor: ein kleines Briefchen unserer Scheißverwaltung, das Logo erkannte ich sofort. Wie üblich reagierte mein Körper darauf mit Stresshormonen. Verwaltung verhieß nie Gutes, da ging es meistens um irgendwelche Geldsachen, und das Drittel war seit Jahren notorisch pleite. Ich wusste nicht genau, wie Pierre es schaffte, uns am Leben zu halten. Obwohl man es ihm nicht zugetraut hätte, vollführte er in seinem Büro im Hinterzimmer wahre buchhalterische Meisterleistungen und sicherte so den Fortbestand seines kleinen Geschäfts. Auch wenn es immer knapp war: Das Drittel war ein Überlebenskünstler, ein zähes, ledriges Wüstenreptil, ein Iggy Pop; trotz der ganzen Gentrifizierung, die in unserer Straße geschah, nicht totzukriegen. Und die Quelle meines Lebensunterhalts, auch wenn der Lohn an und für sich eine rechtswidrige Katastrophe war.

Jedenfalls musste alles, was mit dem Logo der Verwaltung bedruckt war, umgehend nach hinten in Pierres Büro gebracht werden, damit er unsere finanziellen Probleme zu den Klängen von CCR auf magische Art und Weise in Luft auflösen konnte. Wenigstens bis zum nächsten Brief.

Ich lief also mit der Post beladen an der Kasse vorbei, durch den ekligen Bambusvorhang, einen kurzen Flur mit Spannteppich hinab und trat dann ein in unseren Lagerraum, wo Pierre sein kleines schummriges Büro eingerichtet hatte. Der Geruch von abgestandenem Kaffee und Brockenstube hing in der Luft, Pierre mit seiner Lesebrille am PC, hinter ihm eine Kulisse aus überladenen Regalen und Türmen von längst vergessenen Schallplatten längst verstorbener Musiker.

Ich wünschte ihm einen guten Morgen, woraufhin er kurz zusammenzuckte und dann ein schwer verständliches «Morgen, Milo» in die Hand nuschelte, auf die er seinen Kopf gestützt hatte.

Um ihn zu wecken, klatschte ich ihm die Post auf den Tisch, und er nuschelte jetzt ein etwas lauteres Danke und begann gelangweilt, die Zuschriften durchzugehen. Als er den Brief der Verwaltung sah, räusperte er sich, was aber nichts bedeutete, da er sich andauernd räusperte. Schließlich nahm er das neue Coopmagazin in die Hand und legte den Rest der Post zur Seite.

Etwas fassungslos schaute ich ihm zu, wie er die Waschmittelaktionen inspizierte.

«Ist noch was?», brummte er und schaute mich über das Heft hinweg an.

«Nein, nichts», antwortete ich zögerlich. «Nur ... Hast du gesehen, dass einer der Briefe von der Verwaltung ist?»

«Habe ich gesehen», sagte er, leckte wie ein richtig alter Mann an seinem Finger und blätterte weiter zu den Softgetränken. Finanzen und so waren sein Ding, er hasste es, wenn man ihm da hineinredete.

«Denkst du nicht, der könnte wichtig sein?», fragte ich ganz vorsichtig.

Er zuckte mit den Schultern. «Nach dem Wochenende», sagte er gedankenversunken und machte mit einem Kugelschreiber einen Kreis um eine Cola-Zero-Sixpack-Aktion. Dann schaute er auf, lächelte mich an: «So was schaut man sich nicht vor dem Wochenende an. Verdirbt nur die Stimmung.»

Er tätschelte den Briefstapel liebevoll und schob ihn in eine Ecke, wo er zwischen diversen anderen Umschlägen unkenntlich wurde. Dann brummte er zufrieden, als hätte er soeben eine mühselige Arbeit erledigt, und blätterte weiter im Heft.

Und das wäre eigentlich ein fantastisches Ende der Geschichte gewesen. Aber wie schon gesagt: So läuft das nicht mit Briefen. Sicher nicht mit denen mit Verwaltungslogos darauf. Ich wusste, dass ich eigentlich etwas hätte sagen sollen, von wegen, ob er nicht vielleicht Lust hätte, das Brieflein jetzt zu öffnen, weil es ja eventuell ziemlich wichtig für unsere Zukunft sein könnte. Aber einerseits vertrug Pierre es nicht sonderlich gut, wenn ich mich als Zwanzigjähriger in sein Zeug einmischte, und andererseits hatte ich zu dem Zeitpunkt streng genommen sogar noch ein deutlich akuteres Problem als den Brief. Mara hatte nämlich in exakt einer Woche Geburtstag, und ich hatte mir vorgenommen, ihr nichts weniger als das beste Geburtstagsgeschenk aller Zeiten zu machen. Eine Schallplatte, logisch, aber eine, die so wahnsinnig superspeziell war, dass sogar Mara davon dieses Indiana-Jones-vor-dem-Kristallschädel-Gefühl bekam. Und das war bei jemandem wie ihr rein technisch gesehen so gut wie unmöglich, denn Mara war zwar gleich alt wie ich, doch im Gegensatz zu mir war sie hier im Drittel unter Pierres strenger musikalischer Obhut aufgewachsen, hatte als Kind schon auf dem Karton des *White Album* herumgekaut und mittlerweile schon fast alles, was je in Vinyl gefräst worden war, gehört und gesehen.

Das war mein Problem an diesem Freitagmorgen, und die Verwaltung konnte mich ehrlich gesagt am Arsch lecken, wenn ich es endlich schaffte, Mara einen möglichen, wenn auch nicht zu eindeutigen Hinweis darauf zu geben, was seit diesem einen Jahr, das wir jetzt seit meiner Anstellung im Drittel hier verbracht hatten, in mir abging. Gut, okay, ich war nicht ein ganzes Jahr lang verknallt in sie gewesen, das hält ja keiner aus. Ehrlich gesagt hatte ich zu Beginn meine Mühe mit ihr gehabt, denn meistens saß sie stundenlang einfach nur wie eine Wachsfigur am alten iMac hinter der Kasse und las irgendwelches Zeug über irgendwelche speziellen Pressungen und machte auf knallgelben Post-its hieroglyphenähnliche Notizen zu Preisen und Conditions, murmelte hin und wieder Wörter wie «mint» oder «sealed», was ich überhaupt nicht kapierte, denn ich hatte nicht sonderlich viel Ahnung von Schallplatten gehabt, als ich mit meiner Arbeit hier begann. Dementsprechend hatte mich Mara das erste Vierteljahr hier auch mit der Gleichgültigkeit einer Eidechse angeschaut. Doch mit Monaten endloser Fragerei war ich dann irgendwie doch zu ihr durchgedrungen. Wenn man mehrere Tage die Woche miteinander verbringt, an denen die eine dem anderen nervige Anfängerfragen beantworten muss («Wie spricht man eigentlich Vinyl aus, mit i oder mehr so mit ü?»), dann gewöhnen zwei sich eben aneinander. Und es war jetzt nicht dieses wahnsinnig verrückte Hollywood-Verknalltsein, das ich verspürte. Es war mehr die unaufgeregte, aber schöne Tatsache, dass Mara einfach dazugehörte zu meinem Leben, und ich wohl oder übel auch zu ihrem. Was sie mittlerweile wohl auch ganz in Ordnung zu finden schien.

So gesehen lief es eigentlich nicht schlecht, auch wenn ich an manchen Tagen wieder glaubte, für sie nur ein herumlungernder Hilfsarbeiter zu sein.

Nach einem Morgen mit wenig Kundschaft und ergebnisloser Internetrecherche bezüglich des Geburtstagsgeschenks schrieb ich Mara, dass ein Brief der Verwaltung angekommen war. Nach einer Reihe Kotz-Emojis meinte sie, übers Wochenende solle der Brief noch schön geschlossen bleiben, und ich dachte mir nur: Meine Güte, wie verdammt ähnlich sie und Pierre sich manchmal doch waren.

Ich stellte mein Handy aus, weil ich jetzt nicht über den perfekten Zeitpunkt zum Öffnen der Post diskutieren wollte, und drehte eine Runde durchs Geschäft, um mir die Beine zu vertreten. Ich hatte das Chaos in der Krautrock-Abteilung aufzuräumen, das der alte Utz immer nach seinen morgendlichen Besuchen hinterließ, nachdem er vom bei mir an der Kasse geschnorrten Kaffee durchdrehte und Laberflashs bekam, die alles, was ich bisher von harten Drogen gesehen hatte, in den Schatten stellten. Utz war heute schon durch den Laden gewütet; Pierre war noch im letzten Moment mit einem Hechtsprung durch den Bambusvorhang geflohen, als er ihn die Straße mit seiner Brötchentüte hatte entlangschlurfen sehen. So war ich das alleinige Ziel für Utz' quer durch die Bank erfundenen Abenteuergeschichten geblieben. Er hatte heute zum vierten Mal (Mara und ich führten eine Strichliste) erzählt, wie er sich «anno 1993» mit dem ehemaligen Gitarristen von Alice Cooper in einer Bar besoffen hatte.

Wie auch immer. Ich war jedenfalls gerade dabei, das Utz-Chaos in Ordnung zu bringen und die Krümelspur seiner Croissants, die er trotz magerer AHV-Rente in absurden Mengen in den Laden schleppte und die fester Bestandteil meines täglichen Ernährungsplans waren, aufzuwischen, als die Türglocke läutete. Instinktiv setzte ich mein müdes Verkäuferlächeln auf, das sich jedoch zu einem warmherzigen Grinsen veredelte, als ich sah, dass es Pia war, die sich mit ihrer blonden Laurie-Anderson-Frisur und einer riesigen alten Ledertasche durch die Tür zwängte.

Ich ließ die Cluster-Schallplatte zurück in die Kiste gleiten, um meine alte Freundin zu begrüßen, die gerade damit rang, ihre Kopfhörer in die prall gefüllte Tasche zu stopfen. Noch während unserer liebevollen Umarmung entschuldigte sie sich dafür, dass sie es erst jetzt ins Drittel schaffte. Dieses «erst jetzt» bedeutete bei ihr nicht etwa ein paar Stunden Verspätung, sondern ganze zwei Wochen. Es sei sauviel los gerade und sie wollte ja schon letzte Woche kommen, aber dann war da noch dieses Meeting mit –

«Macht doch nichts», meinte ich gut gelaunt, «ist ja deine Platte», und lief zur Kasse, wo wir in einer kleinen Kiste alle Bestellungen aufbewahrten. Pia sah sich währenddessen im Laden um, ob alles noch wie immer war, und das war es natürlich, also folgte sie mir mit eiligen Schritten gleich hinter den Kassentresen. Ich hoffte, dass Pierre jetzt nicht aus seinem Büro kam, denn er hasste es, wenn meine Freunde hinter der Kasse herumlungerten – das war Hoheitsgebiet. Eine seiner wenigen heiligen Regeln.

«Was ist das denn?», fragte Pia, tippte mit dem Finger mehrfach auf den Bildschirm des iMacs und brach damit noch eine von Pierres Regeln. Ich hatte gerade einen Tab mit einer Sticky-Fingers-Originalpressung für 100 Euro offen.

«Kaufst du die etwa?»

«Ich glaube nicht», sagte ich.

«Ist ja eeelend teuer.»

«Ich weiß, ich weiß.» Ich senkte etwas die Stimme. «Ich suche gerade ein Geschenk für Mara.»

«Oho», raunte Pia in gespielter Ehrfurcht, «ein Geschenk für Mara», und lachte dann. Ich unternahm gar nicht erst den Versuch, mich zu verteidigen, denn ich wusste ja, dass das irgendwie lächerlich war, was ich hier gerade abzog, aber es ging um Schallplatten, und damit machte man sich eben heutzutage manchmal lächerlich. Ich durfte nicht zu sehr auf Leute aus der Außenwelt hören, das hatte ich von Mara gelernt. Einen Plattenladen mit Fokus aufs 20. Jahrhundert zu führen, war heutzutage einfach etwas verrückt; endlos viel Zeit und Geld für Musik aufzuwenden, die alle jederzeit auch gratis und deutlich einfacher im Internet hören konnten (und darüber hinaus auch noch in besserer Qualität; sorry, Pierre).

«Da ist ein Dickprint auf dem Cover», stellte Pia trocken fest.

«Scharf beobachtet.»

«Und so was willst du ihr schenken?»

Sticky Fingers auf einen Dickprint zu reduzieren, war natürlich unfair; dennoch schloss ich, um sie zufriedenzustellen, den Tab, wohl wissend, dass ich ihn schon längst als Lesezeichen abgespeichert hatte. Wie schon gesagt: Nicht zu sehr auf die Außenwelt hören.

«Wie läuft's denn eigentlich?», fragte Pia und schob Maras verstreute Tabakkrümel auf dem Tisch zu kleinen Häufchen zusammen. «Also mit euch beiden.»

Ja, wie lief es denn?

«Es läuft wie immer», murmelte ich und wertete die Aussage auf, indem ich noch ein «Es läuft gut» hinterherschob.

Pia kannte diese elende Geschichte mit Mara und mir, die sich jetzt seit einem halben Jahr hinzog.

«Und jetzt willst du sie mit einer teuren Platte beeindrucken?», fragte sie und tippte wieder auf dem Bildschirm herum, wo unter ihren Fettabdrücken bereits ein neuer Tab mit einer Platte nachgerückt war.

Ich zuckte mit den Schultern. «Mal sehen ... Egal. Jetzt habe ich erst mal was für dich.»

Ich wandte mich vom Bildschirm ab, rollte mit dem Hocker zum Wandregal herüber, wo unsere Kiste mit bestellten Platten stand, und holte die Joni-Mitchell-Platte heraus, die seit zwei Wochen auf ihre Abholung wartete. Pia stopfte das Geld dafür gleich selbst in die Kasse, als würde sie hier arbeiten, und ich betete zu Clapton, dass Pierre jetzt nicht gleich durch den Bambusvorhang kam.

Ich überreichte ihr feierlich das Album, auch wenn ich wusste, dass ihr Plattenspieler schon vor Ewigkeiten den Geist aufgegeben hatte, und sie all diese Platten bei uns mehr aus einem tiefen Solidaritätsempfinden als musikalischem Interesse heraus kaufte. Eine kleine Spende sozusagen – für eine der in ihren Augen letzten Bastionen gegen die übermächtige Gentrifizierung.

Sie schaute sich die Platte deswegen nicht mal genau an, grinste breit und überlegte, wie sie das Album in ihrer überquellenden Tasche unterbringen konnte, ohne dass es sich gleich vor meinen Augen verbog.

«Wollen wir sie nicht auflegen?», fragte ich freundlich, und sie wollte abwinken, hielt aber in der Bewegung inne, als ihr vermutlich einfiel, dass das der einzige Weg war, die Platte jemals zu hören. So flog Al Jarreau vom Plattenteller, und ich legte *Court and Spark* auf. Ich kannte das Album natürlich in- und auswendig, denn Mara war ein gewaltiger Joni-Mitchell-Fan, und ich wusste noch, wie sie in meiner dritten Arbeitswoche die ganze Diskografie krachend vor mir auf den Tisch gedonnert hatte und meinte, dass ich die jetzt so lange hören müsse, bis sie mir gefiel. Ich hatte sie noch nicht einschätzen können, der Ton war streng gewesen, doch die Augen wirkten freundlich, als hätte sie einen Scherz gemacht. So oder so schlug man in der dritten Arbeitswoche einen Befehl der Tochter des Chefs nicht aus. Zu meinem Glück hatten mir die meisten Alben auf Anhieb gefallen, sogar so gut, dass ich Pia innerhalb kürzester Zeit damit infiziert hatte.

Die trommelte jetzt mit allen zehn Fingern einen ganz eigenen Takt zur Musik und schaute mir über die Schulter, wie ich weiter auf Discogs herumsurfte. Was sie nicht sah, war meine allmählich schwindende Hoffnung, eine Platte zu finden, die Maras hohen Ansprüchen genügte. Es war ein Spiel gegen die Zeit, sowohl Japan als auch die USA waren versandzeittechnisch schon vorgestern herausgeflogen, und der Radius verringerte sich von Tag zu Tag weiter. Ich sah mich bereits wieder dreißig völlig überrissene Euro Lieferkosten an einen italienischen Plattenhändler zahlen.

«Wie läuft's eigentlich mit dem Laden?», fragte Pia schließlich in möglichst verdachtsfreiem Ton.

«Kannst gern noch was bestellen», scherzte ich trocken.

«Wie wäre es mit einer ganzen Diskografie?»

Sie schaute mich betroffen an. «So schlimm?»

«Um ehrlich zu sein, habe ich wirklich keine Ahnung, wie's finanziell aussieht», gestand ich. «Du weißt ja: Pierre macht da ein Geheimnis draus ... Chefsache und so.»

Ich hatte gerade Lust, mich bei ihr ein wenig darüber aufzuregen, dass Pierre den Brief der Verwaltung einfach unter andere Briefe gemischt hatte, als der Bambusvorhang raschelte und Pierre ins Geschäft schlurfte. Wie der Roadrunner raste Pia um den Kassentresen herum und endete nach einem Drift auf der anderen Seite des Tischs, von wo aus sie Pierre mit schuldbewusstem Grinsen grüßte. Wie furchtbar charmant sie sein konnte, wenn es darum ging, den Kopf aus der Schlinge zu ziehen.

Doch Pierre schien es sowieso egal zu sein. Er hatte das Coopmagazin noch immer unterm Arm, ließ sich geistesabwesend einen Kaffee aus der lärmenden Kapselmaschine heraus und griff sich das letzte Croissant, das noch von Utz' Besuch übrig war. Dann verkroch er sich damit wieder in seinem Hinterzimmer.

«Ich dachte, du wolltest aufhören zu kuschen», sagte ich, als die Bürotür mit lautem Quietschen ins Schloss gefallen war, und grinste Pia herausfordernd an.

«Pfff, ich habe doch nicht gekuscht.»

«Ich habe dich noch nie so schnell rennen und so freundlich lächeln sehen.»

Ich sortierte mit zufriedenem Grinsen Quittungen.

«Wollte nur unnötigen Stress vermeiden.»

Frecher zu werden, war eines von Pias Langzeitprojekten. Wenn sie mal wirklich gegen arschige Großkonzerne vor Gericht kämpfen wollte, und deswegen tat sie sich schließlich ihr Jurastudium an, dann musste sie lernen, wie man Leuten ungeniert ans Bein pisste. Laut Pia war ihr großes Problem, dass sie von ihren Eltern zu gut erzogen worden war und eine «ansozialisierte» Höflichkeit gegenüber allen Autoritäten hatte.

«Lernt man das ‹Arschigsein› denn nicht von den ganzen Jura-Mackern?», fragte ich sie, während ich die Joni-Mitchell-Platte nach der ersten Hälfte vom Plattenteller nahm und wieder ins Sleeve rutschen ließ.

«Ach was», sagte sie, den Kopf auf die Hände gestützt. «Die sind alle scheißnett dort, die wollen ja nicht anecken. Überbieten sich in Höflichkeiten. Erst wenn sie untereinander sind und sich sicher fühlen, was auch heißt, dass ich nicht in der Nähe bin, *dann* können sie zu Arschlöchern werden.»

Sie klemmte sich Joni Mitchel unter den Arm und verkündete, sie würde jetzt gern was essen gehen.

«Ist gut», sagte ich, stieß mich mit dem Hocker schwungvoll vom Tresen weg und rief Pierre zu, dass ich jetzt Mittagspause machte, was er wie üblich stillschweigend zur Kenntnis nahm oder gar nicht erst bemerkte – manchmal war ich mir da nicht so sicher.

Ich sorgte für eine provisorische Ordnung hinter der Kasse, wohl wissend, dass Mara sie bald schon wieder mit Drehtabak und Fantadosen zunichtemachen würde, und stellte den unter der Last von fünfzig offenen Schallplattentabs stöhnenden Computer auf Standby.

Vor dem Gehen warf ich einen letzten Kontrollblick durch den Laden, nickte dem Janis-Joplin-Poster an der Wand zum Abschied verschwörerisch zu und machte die Lichter aus. Eine gute Dichte an Qualitätsstaub tanzte im Sonnenlicht und ein guter Geruch hing in der Luft, liebevoll angestauter Muff, Marke Frühsiebziger, alt, aber ohne Nikotinstich, gute Nasenpatina. Ich nahm einen letzten Zug und machte mich auf zu Pia, die sich vor dem Laden eine Langeweilezigarette schraubte.

Ich schloss die Glastür ab und warf einen letzten Blick auf das Neonschild über der Tür, auf dem in türkisen Ziffern *33,3* stand. Eine leider total nutzlose Sonderanfertigung; der Laden war etwa zwei Wochen lang so genannt worden, bevor sich dann einfach alle mit dem Namen Drittel arrangiert hatten. Außerdem gab es immer wieder Streit mit der Verwaltung wegen des Neonlichts, das man nicht dimmen konnte.

Pia wollte den neuen Imbiss ausprobieren, der im Ladenlokal des pleitegegangenen Bubble-Tea-Shops eröffnet hatte.

Wir liefen die kleine Gasse, in der das Drittel lag, entlang. Schon tausendmal war ich diesen Weg abgelaufen und hatte versucht, mir vorzustellen, wie Pierre hier vor dreißig Jahren durch die menschenleere Gasse geschlendert und zur Eingebung gekommen war, dass genau hier ein Plattenladen eröffnet werden müsste.

Trotz der Tatsache, dass kaum Laufkundschaft vorhanden war, waren die Mieten in allen Geschäften hochgegangen.

«Könnten wir noch einen kleinen Umweg machen?», fragte ich Pia. «Ich muss noch was schauen gehen ...»

«Was schauen gehen?», wiederholte sie. Ungenaue Formulierungen machten sie wahnsinnig. «Was denn?»

Ich traute es mich kaum auszusprechen. «Ich wollte mal zum ...» Ich senkte die Stimme. «Zum Rundum.»

«Ach, Milo.» Sie seufzte und lachte und hatte ja recht. «Es lässt dich einfach nicht los, was?»

Allerdings. Das Rundum war nichts weniger als unsere härteste Konkurrenz. Todfeind traf es eigentlich besser: Mara konnte den Namen nicht ohne anschließenden Würgereiz aussprechen, und Pierre tat so, als ob es diesen Ort gar nicht erst gäbe. Alle drei zusammen waren wir ein neidisches Pack, denn während wir mit rechten Altrockern um ranzige AC/DC-Scheiben feilschen mussten, rannte alles unter dreißig Jahren Dave im Rundum die schicke Ladentür ein und schmiss ihm die Kohle für seine überteuerte Neuware hinterher. Wir hatten gewissermaßen einen geheimen Kult gegen ihn geschmiedet. Dabei war ich mir nicht einmal sicher, ob Dave überhaupt wusste, dass es uns gab, ich hatte ja noch nie in meinem Leben mit ihm gesprochen, hatte ihn aus der Distanz durch das calgonklare Schaufenster seines Geschäfts verachtet und bewundert; die Eleganz, mit der er Schallplatten in seine beschissenen sonderangefertigten Stofftäschchen schob und mit seinen langen, tätowierten Armen und seinem Selfmademan-Lächeln über den geölten Teakholztresen reichte. Alle liebten das Rundum. Sie liebten das sterile, hippe Design, die eleganten, weißen Regale, sie liebten die spiegelnde Knisterfolie, in die ihre Platten eingeschweißt waren, sie liebten es, wie Dave den Kopf in seiner «Ach komm, weil du's bist»-

Geste verwarf und ihnen einen gnädigen Rabatt auf seine maßlos überteuerten Alben gab.

Aber leider, leider hatte Dave auch ein paar extrem seltene Wahnsinnsplatten, die er sich ins Schaufenster hing, um Kundschaft anzulocken. Das Zeug konnte sich meistens kein Mensch leisten, doch hin und wieder (und das durften weder Mara noch Pierre je erfahren) schlich ich mich nach Ladenschluss zum Rundum und starrte mit großen Augen die sündhaft teuren Schätze an. Wie kostbare exotische Zierfische leuchteten sie hinterm Glas, ein musikalisches Luxusaquarium höchster Güteklasse; anfassen verboten, aber die Augen, die hätten sich einen ganzen Tag lang an diesen Raritäten sattsehen können. Nicht, dass ich das nicht schon getan hätte. Aber trotz alledem hätte ich nie auch nur einen Fuß über die Türschwelle seines verdammten Ladens gesetzt! Ich betrieb gewissermaßen Feindbeobachtung, genau so nannte ich das, feines, aufmerksames Ausspionieren der Konkurrenz. Auch wenn mir dabei der Sabber aus dem Mund lief.

Pia ließ mich nach meiner Bitte gewähren, und keine zehn Minuten später starrte ich bereits wieder in das großflächige Schaufenster des Rundums. Sie stand derweil desinteressiert rauchend an die Mauer des Nachbarhauses gelehnt und kapierte wohl nicht ganz, was hier gerade abging.

«Geh doch einfach rein», maulte sie gelangweilt. «Macht doch auch keinen Unterschied mehr.»

«Oh doch, das macht einen Unterschied», protestierte ich und starrte auf eine originalgepresste George-Benson-Platte.

«Welchen denn?»

«Wenn ich da reingehe, dann weiß Dave, dass ich existiere.»

«Du spinnst», sagte sie und spickte den Stummel in den Straßengraben. Ich lächelte sie an. Weil ich wusste, dass sie das Rundum ebenfalls zum Kotzen fand.

«Brauch sowieso nicht mehr lange», besänftigte ich sie mit gesenkter Stimme und schielte wachsam durchs Schaufenster zur Kasse hinüber, wo ich die berüchtigte blöde Snapback und darunter Daves welliges Haar sah.

Viel hatte sich im Schaufenster nicht verändert seit meinem Besuch letzte Woche, manchmal wurde es innerhalb weniger Tagen komplett neu bestückt, dann blieb es wieder für einen Monat unverändert. Ein Iron-Maiden-Album mit ekelhaftem Cover war ausgestellt, Keith Jarrett live in Köln 1972, ein Thundercat-Album und ein paar Sachen, die stark nach seltenem Hip-Hop aussahen, aber da kannte ich mich zu wenig aus. Ich überflog die Cover und dachte gerade, alles gesehen zu haben, als mich der Schlag traf. Sie hing zwischen zwei sauteuren Fusion-Alben: *Purple Rain,* 1984, mit lila eingefärbtem Vinyl. Eine japanische Originalpressung.

Ich machte einen Satz nach vorn und presste die Hände an die Scheibe wie ein Kind im Zoo. Verdammt, das war die Platte, die ich für Mara gesucht hatte!

«Geht's bei dir?», fragte Pia gelangweilt, als sie sah, wie ich mein Gesicht ans Glas presste.

«Das ... das ist sie», wimmerte ich erregt, nicht mehr bemüht, leise zu sein, und sie kapierte gar nichts. «Diese Platte!»

Ich tippte wie ein Idiot an die Scheibe und winkte Pia zu mir. Sie verdrehte die Augen und kam angeschlurft. Ich deutete auf die Platte mit einem fetten, lila Motorrad darauf, gefahren von Prince höchstpersönlich.

«Kaufst du die jetzt, oder wie?»

Ich schaute sie fassungslos an. «Spinnst du? Ich kann da doch nicht reingehen!»

«Und sie kostet 150 Franken, scheiße, ist die teuer.»

Ich verzerrte mein Gesicht vor Elend. Auf keinen Fall durfte ich das Rundum betreten ... Das konnte ich nicht.

Also ich konnte schon, ich konnte, durfte aber nicht, oder doch, hätte ich es einfach …?

«Gibt doch noch tausend andere Platten», meinte Pia schulterzuckend und lag völlig falsch damit. Es gab keine anderen Platten. Es musste genau diese überteuerte Scheißplatte aus dem Rundum sein.

«Habt ihr nicht größere Probleme als so eine Schallplatte?», bearbeitete sie mich weiter.

«Das darf man nicht vermischen», meinte ich wichtigtuerisch. «Das hier hat mit dem Drittel nichts zu tun. Das ist der Jackpot, Pia!»

Pia war natürlich nicht ohne Grund eine meisterhafte Jurastudentin, und nach ein paar weiteren Argumenten, darunter meinen Prinzipien, dass das Rundum ein gentrifizierter Scheißladen war und dass sie Hunger hatte, schaffte sie es, mich vorerst vom Schaufenster loszueisen. Das Album verschwand dennoch nicht aus meinem Kopf, ich hatte gar keinen Hunger mehr, war nur aufgedreht und textete die arme Pia mit Fakten über das Album zu, bis ich ihr schuldbewusst den Falafel spendierte. Und ja, vielleicht war das mit dem perfekten Geburtstagsgeschenk auch eine angenehme Ablenkung von größeren Problemen, doch ich war mir in dem Moment zu hundert Prozent sicher, die einzig akzeptable Platte für Mara gefunden zu haben. Ich musste sie nur irgendwie aus dem verdammten Rundum herausbekommen. Und das bedeutete nichts Geringeres als Hochverrat.

Nach Feierabend schleppte ich mich die kotzfarbenen Stufen unseres Wohnblocks hoch. Als ich die Wohnung *Waterloo-Sunset*-pfeifend betreten hatte, sprang mich der wuchtige Leib von Robin, der wie ein plüschiger Lauerjäger auf mich gewartet hatte, aus seinem Zimmer an. Der übliche Feierabend-Jumpscare, Locken, überall Locken, Billigwaschmittel,

Erdbeertraum, zwei feste Arme, die mir die Luft raubten, noch mehr Locken. Er drückte mich wie totgeglaubt, und als ich nach kurzer Schnappatmung wieder bei Sinnen war und in die Küche taumelte, trabte er mir wie ein hungriges Haustier hinterher.

«Warst du überhaupt schon draußen heute?», fragte ich ihn und stellte das kleine Küchenradio an, auf dem SRF 3 lief. Er ließ sich auf einen wackligen Stuhl fallen und rollte eine keimende Zwiebel auf dem Tisch wie einen Tennisball hin und her. «Nee. Zu heiß.»

«Du tust echt alles, um bleich zu bleiben.»

«Interessiert doch niemanden.»

«Hm ... und Rita mag keine gesunde Bräune?»

«Rita weiß, dass es keine gesunde Bräune gibt.»

Er hatte vermutlich recht, denn er hatte immer recht, wenn es um so ein Zeug ging, also drehte ich ihm den Rücken zu und schraubte an der Bialetti herum.

«Außerdem habe ich Wichtigeres zu tun, als in der Sonne herumzuliegen», meinte er stolz und wollte natürlich, dass ich jetzt fragte, was genau das denn sei; auch wenn ich nur wenige Menschen kannte, die weniger Wichtiges zu tun hatten als Robin. Was überhaupt keine Kritik an ihm war. Er hatte einfach ein verdammt entspanntes Leben, was auch daran lag, dass er überhaupt nicht leistungsfähig und relativ anspruchsvoll war, ein typisches Gen-Z-Kind eben. Als bester Freund und einziger Mitbewohner war ich der wichtigste Gesprächspartner in seinem Leben, noch vor Rita, also fragte ich, treu wie ich war, nach, was ihn denn so schrecklich umtrieb, dass er den ganzen Tag nicht aus dem Haus gekommen war.

«Recherche, Milo, ganz viel Recherche.» Er strahlte über beide Ohren und sah aus wie der liebste Mensch der Welt. Es hatte ihn wohl wieder mal gepackt. «Ich habe ein neues Projekt gefunden ...»

Ich konnte spüren, wie er fast platzte vor Erregung, das aufgeregte Trippeln seiner Füße auf dem Küchenboden, das energische Hin-und-her-Rollen der Zwiebel, das erwartungsvolle Blinzeln der Augen. Robin war eben durch und durch einer dieser Phasenmenschen. Das konnten die blödesten Sachen sein, meistens hatten sie mit Selbsterkenntnis oder Selbstoptimierung zu tun, manchmal mit geführten YouTube-Meditationen, kleinen, teuren ätherischen Ölen aus diesem Wahnsinnsladen in der Innenstadt, einem Stapel Hessebüchern aus dem Antiquariat (heute Tischunterleger), solche Sachen eben. Robin saß den ganzen Tag zu Hause in seiner Höhle herum und da fielen ihm eben auch andauernd neue Projekte ein, die mal mehr, mal weniger lang anhielten.

«Was ist es diesmal?», fragte ich gutmütig und drehte mich zu ihm um.

«Richtig. Also ...», begann er etwas verlegen und fummelte mit einer Hand verträumt in seinen Locken herum. «Ich habe da eine neue Studie gefunden, bei der ich mitmachen will.»

«Wieder eine?», fragte ich überrascht. «Bist du nicht letztes Wochenende beinahe zusammengebrochen, weil die dich verkabelt zwanzig Runden durch eine Turnhalle gejagt haben?»

«Ja, aber jetzt ist es etwas völlig anderes.»

«Bist du broke?»

Die Zwiebel fiel ihm auf den Boden und verschwand auf Nimmerwiedersehen unterm Küchenregal. Er folgte ihr mit dem Blick.

«Nein, nein», winkte er ab. «Diesmal geht's nicht ums Geld. Genauer gesagt gibt's, glaube ich, auch gar keins.»

Studien mit zu hoher oder gar keiner Bezahlung waren immer verdächtig. Ich beließ es vorerst noch beim skeptischen Heben einer Augenbraue.

«Bevor du jetzt was sagst», schoss er los und hatte im Salzstreuer etwas Neues zum Rumfummeln gefunden, «ich habe einen Artikel gelesen, in der Zeitung. Die forschen hier in Basel gerade wie verrückt mit Drogen herum.»

«Drogen ...»

«Also psychedelischen, LSD und so Zeug, das kennst du doch, oder?»

«Noch nie gehört.»

«Lustig, also, die forschen da eben mit diesen Substanzen und haben da so was Neues aufgegleist, also eine große Studie, da forschen sie an Leuten, wie sich Psychedelika auf das Gehirn auswirken, wie sich da was vernetzt und so.»

«Haben die keine Affen für so was?»

«Milo, das ist eine ernste Sache.»

Er salzte die Tischplatte. Ich wusste nicht, ob ich die zweite Augenbraue heben sollte, und entschied mich, stattdessen einmal tief einzuatmen.

«Gut. Ich fasse mal zusammen: Du willst harte Drogen schlucken. Die du noch nie genommen hast. Für irgendeine Studie. In einem Labor. Ohne Bezahlung.»

«Gut, so klingt's natürlich dumm.»

«Und wie klingt's nicht dumm?»

Er formte das Salz auf dem Tisch zu einer Line, die Ben neidisch gemacht hätte. Erst als das Kochen meiner Bialetti meiner offen im Raum stehenden Frage Nachdruck verlieh, kriegte er seine Gedanken wieder auf die Reihe.

«Also ... Es klingt nicht dumm, wenn ... ich sagen würde, dass diese Studie eine einmalige Gelegenheit ist, meine Persönlichkeit auf eine völlig neue Art und Weise zu erforschen, die mir sonst den Rest meines Lebens verschlossen bleiben würde.»

Ich überlegte kurz. «Na gut. Und wie stelle ich mir das vor? Die drücken dir so einen Filz ins Maul und schieben dich in eine weiße Röhre hinein, wo sie dein ganzes Hirn anzapfen und totalüberwachen?»

«So in etwa.»

«Kriegst du da nicht einen Horrortrip?»

Er schob das Salz über die Tischkante mit allem Tischplattendreck wieder zurück in die kleinen Löcher des Salzstreuers, was mich wahnsinnig machte, und meinte in seiner unbeschwerten Art: «Ach was, das gibt doch keinen Horrortrip. Die schauen schon nach einem. Außerdem gibt's vorher ein Zulassungsverfahren. Das sind Profis. Du musst psychisch und physisch topfit sein, kein Alkoholproblem haben, keine Medikamente nehmen. Ganz streng. Ich hoffe, die finden mich nicht zu dick.»

Er stellte das Salz zurück und schaute mich etwas zu erwartungsvoll an. «Findest du die Idee blöd?»

Absolut.

«Na ja ...», sagte ich sanft. «Ich meine ... Ein Labor? Ist das der richtige Ort? Ich meine, diese Droge, das ist doch etwas völlig anderes als Meditation oder irgendwelche Frequenzen hören, da fliegt dir das ganze Universum um die Ohren. Am Ende bist du eine völlig andere Person als zuvor.»

Er lächelte. «Klingt wunderbar.»

«Ich mag dich schon ziemlich, wie du jetzt gerade bist.»

Er lachte und schickte mir einen Luftkuss zu.

«Komm schon», versuchte ich ihm klarzumachen, dass ich es ernst meinte, «ich will einfach nicht, dass du auf irgendwas kleben bleibst und man dich nicht mehr wiedererkennt. Dieses Zeug kann dein ganzes Leben auf den Kopf stellen.»

Ich machte ihn damit natürlich nur noch schärfer darauf. Solche radikalen Spurwechsel liebte er, in der Vorstellung jedenfalls; sich von innen nach außen zu kehren, alles auf den Kopf zu stellen, Blockaden und Hürden zu zertrümmern. In echt war in seinem Leben ja relativ wenig los, gut, abgesehen von diesen Phasen, aber im Großen und Ganzen herrschte doch eine gemächliche Gleichförmigkeit in diesem entspannten, guten Leben, das er führte.

« Vielleicht würde es dir ja auch guttun, so ein Tritt in den Arsch.» Er versuchte es wie einen Scherz klingen zu lassen. « Findest du nicht, wir sind ein bisschen festgefahren?»

Ich stellte den Kaffee hin, um sachte die Arme zu verschränken. « Festgefahren?»

Er nickte eifrig.

« Wo sind wir denn bitte festgefahren?», fragte ich und meinte damit eigentlich, wo ich denn bitte festgefahren sei.

Er zuckte mit den Schultern. « Na ja, Tapetenwechsel gab's schon länger nicht mehr bei uns.»

« Das ist das Leben, Robin », meinte ich, als hätte ich das Leben schon dreimal durchgespielt, spülte alte Kaffeetassen und trocknete ab. « Ich sitze im Plattenladen herum und du auf deinem Bett im Lotussitz. Ist doch gut so, wie's ist.»

« Aber irgendwie stört es dich trotzdem, oder?»

« Pfff.» Ich warf das Geschirrtuch lässig über die Schulter. «Ich sehe das Problem nicht. Ich bin jedenfalls total zufrieden damit, wie's läuft. Ich meine: Hier die WG mit dir. Mein Job im Drittel, damit bin ich um die ganzen Scheißjobs, die andere in meinem Alter machen müssen, herumgedribbelt. Und die Sache mit Mara läuft auch gut. Das Letzte, was ich brauche, ist, alles hinzuschmeißen und etwas Neues anzufangen. Das meine ich damit.»

Robin säuselte noch irgendwas von wegen « Veränderung tut immer gut» und so Zeug, und ich sagte ihm, dass ich das eben anders sehen würde. Wir hatten mittlerweile verstanden, dass wir bei solchen Sachen niemals einen Konsens finden würden.

Ich versicherte ihm, dass ich sein komisches Tripprojekt natürlich trotzdem liebend gern unterstützen würde.

«Das ist gut. Das ist sehr gut. Ich habe nämlich viel vor. Bis zur Reise gibt es noch einige Knoten zu lösen.»

«Knoten …?»

«Unsicherheiten zum Beispiel, Ängste, alte Verhaltensmuster, toxische Gedankenspiralen, ungesunde Anteile, verzerrte –«

«Führst du Liste, oder was?»

«Sollte ich vielleicht mal.»

«Mach dich nicht fertig mit diesen ganzen Selbstdiagnosen. Sonst wirst du irgendwann wirklich verrückt.»

Er grinste.

«Und zwar im schlechten Sinn», ergänzte ich, weil das Wort *verrückt* für ihn so eine komische, positive Konnotation hatte.

«Und genau wegen solchen Ratschlägen brauche ich dich», meinte er lächelnd.

Ich wuschelte ihm durch seine Locken, und er glückste zufrieden.

Am nächsten Morgen, einem Samstag, standen wir bereits um zehn Uhr auf dem Flohmarkt herum. Ich blinzelte noch ziemlich verpennt ins Morgenlicht, Robin war schon voll aufgeputscht vom Ingwerstück, auf dem er den ganzen Weg über mit tränenden Augen gekaut hatte. Es war ein kühler Morgen und trotz der frühen Uhrzeit bereits ordentlich was los. Eine träge Horde Restbesoffener wühlte sich durch schmuddelige Kleiderkisten, manche aßen eine Katerbratwurst zum Frühstück, dazwischen schlichen hier und da reiche ältere Leute herum, die alte Briefmarkensammlungen und teure Porzellanenten mit unerklärlichem Interesse inspizierten.

Robin war verdammt zielstrebig unterwegs und arbeitete sich mit einer für ihn außergewöhnlich systematischen Vorgehensweise durch die Stände. Vor allem die mit Elektroschrott überfüllten Planen, die Verkäufer neben ihren Campingstühlen ausgebreitet hatten, übten eine unglaubliche Anziehung auf ihn aus.

Ich wollte ihn nicht stressen, fragte nach dem dritten Stand dann aber doch, was genau er denn suche.

«Einen Walkman», antwortete er knapp.

Das wunderte mich überhaupt nicht. Nach und nach wollte er von seinem iPhone wegkommen und da substituierte er Spotify eben ganz analog mit einem Walkman. Wie ein gewaltiger Waschbär stürzte er sich darum in den Elektrodschungel, kämpfte mit gigantischen Kabelsalaten, schüttelte alte Kassettenrekorder oder versuchte, den Verkäufern umständlich zu erklären, was ein Walkman war, fassungslos, dass es Menschen gab, die diesen Begriff nicht kannten.

Am fünften Stand jaulte er plötzlich auf und hielt mir diese geschrumpfte fliegende Untertasse unter die Nase, deren Deckel per Knopf aufsprang und das CD-Fach freigab.

«Das ist tierisch gut, Milo», versuchte er mir klarzumachen, und wenn etwas für Robin tierisch gut war, dann hieß das, dass es nicht mehr besser ging, denn er vermied solche «giftigen» Wörter, wie er sie nannte; geil, abartig, verdammt und so. Jedenfalls flatterten die zehn Franken wie von allein aus seinem Portemonnaie, und Robin hielt sich das kleine Plastikding kurz darauf wie ein Amulett an die Brust und drehte es dann im Sonnenlicht. Ich schielte zu ihm herüber und lachte still in mich hinein, weil er so eine Freude an den absurdesten Sachen haben konnte. Ich wollte sie ihm eigentlich auch nicht nehmen, doch irgendwann interessierte es mich zu sehr und ich fragte ihn ganz unaufdringlich, welche CDs er denn genau mit seinem neuen Walkman hören wolle. Schließlich hatte er, soweit ich jedenfalls wusste, keine einzige.

Er bremste daraufhin scharf, schlug sich mit der Hand gegen die Stirn, fuhr herum und pflügte wie ein Bulldozer durch die Menge, zurück zu den Ständen mit den CD-Ramschkisten.

Ich ließ ihn ziehen. Es tat ihm gut, mal ohne mich unterwegs zu sein. Außerdem war ich ja nicht wegen seines Walkman-Projekts hier. Ich hatte meine eigene Mission, und ja, natürlich ging es um die Schallplatte für Mara, denn natürlich hatte ich sie nicht einfach über Nacht vergessen, im Gegenteil. Ewig lange hatte ich mich im Bett gewälzt und überlegt, wie ich es umgehen konnte, Daves Laden zu betreten, denn auch nur einen Fuß auf das Fake-Holzmuster seines Laminatbodens zu setzen, war absoluter Hochverrat. Ihm seine Platte außerhalb des Geschäfts abzukaufen hingegen eine Grauzone. Ich wusste, dass Dave samstags immer seinen ganzen Mist hier an den Flohmarkt karrte, um mit seinen teuersten und schönsten Platten zwischen den muffigen Kleidern, geklauten Fahrrädern und DVD-Sammlungen der anderen Stände zu leuchten wie der Regenbogenfisch persönlich. Hipster drängten sich wie magisch angezogen um seine kleine Hochpreisinsel, strichen ehrfürchtig über die neue, noch originalverpackte Beyoncé-Platte oder das *White Album* im Remaster, ausgewallt auf vier verdammte Scheiben, weil deluxe, weil fancy, weil hundert Franken bitte. Viele der Leute kamen aber auch einfach vorbei, um einen von Daves lässigen Handshakes abzugreifen und ein paar Worte mit ihm zu wechseln. Dabei wirkte Dave meist so, als ob ihm das mit den Platten eigentlich gar nicht so wichtig sei, als ob er eben einfach immer wie zufällig von Platten umgeben war und mit Leuten redete oder einfach nur wahninnig cool dastand. Dave kannte sie alle. Er mochte sie alle. Er mochte ihre Kohle. Nein, nicht einmal, Dave pfiff auf ihre Kohle. Ich glaubte, er genoss einfach das Gefühl, mit einer Snapback am Puls der Zeit zu stehen, Frontrow, Überholspur, wie auch immer man es nennen wollte. Dave war voll dabei.

Und wir im Drittel kämpften ums Überleben.

Und ja, wir waren eifersüchtig. Mara war es. Ich war es. Und sogar Pierre war es, von uns dreien vielleicht sogar am meisten. Das Traurige war, dass das Drittel Dave einen Scheiß kümmerte. Während wir einen geheimen Kult gegen ihn schmiedeten, war ich mir nicht einmal sicher, ob er überhaupt wusste, dass es uns gab.

Als ich mich dem Stand näherte, hörte ich immer deutlicher Daves cremig tiefes Hochdeutsch. Er kam ja aus dem Norden, Bremen, Hamburg, von da irgendwo, und alle machten ein Riesending daraus. Ich ließ mich nicht irritieren. Mein Entschluss war gefasst: Ich würde ihm die Platte hier und heute abkaufen. Und ja, ich wusste, dass das alles irgendwie ein mieser Trick war, denn ich betrat seinen blöden Laden ja rein technisch gesehen nicht, andererseits kaufte ich ihm doch etwas ab. Mein Geld war bald sein Geld. Aber ich tat es ja nicht für mich, ich tat es für Mara, nur für sie und nur ein einziges Mal und außerdem würde sie ohnehin niemals davon erfahren, wie ich zu dieser Platte gekommen war. Und streng genommen war das eigentlich ziemlich romantisch, wie ich hier gerade die Regeln brach.

Ich senkte den Kopf, um ja keine Aufmerksamkeit zu erregen, und musste eine Frau mit Nirvana-Shirt (*Nevermind,* was denn sonst) etwas zur Seite drängen, um überhaupt an die Kiste mit der protzigen Aufschrift *Raritäten* heranzukommen. Geübt sprangen meine Finger über die Platten, nein, nein, nein, auch nicht schlecht, aber nein, und dann ZACK, der große Fang, hielt ich dieses lilafarbene Schmuckstück in der Hand. Sofort spürte ich die Blicke der anderen. Prince fanden natürlich alle supertoll, diese Outfits, diese Stimme, und wie der damals schon mit Geschlechterrollen spielte und blablabla, ich wusste jedenfalls, dass diese Platte den heutigen Morgen hier nicht überleben würde, verkaterte Menschen zahlten Unsummen für das unnötigste Zeug. Nicht, dass diese Platte unnötig war, sie war es wohl nur für wahrscheinlich jeden anderen Menschen in dieser Stadt außer mir.

Mein Portemonnaie stach bereits schmerzhaft in der Hosentasche. Sorry, Mara, alles nur für dich. Und jetzt gab es auch keinen Weg mehr darum herum: Ich musste Dave anquatschen.

Durch ein heiseres Tschuldigung bekam ich seine Aufmerksamkeit, und er sah mir zum ersten Mal in meinem Leben in die Augen. Ein Schauer lief mir über den Rücken.

Um den Preis etwas zu drücken, spielte ich die klassische Rolle eines semiinteressierten Laufkunden, der mehr zufällig auf das Album gestoßen war und nur mit großzügigem Rabatt für einen Kauf zu gewinnen war. Mit Verhandlungen kannte ich mich nach all den Siegen, die ich schon über unsere wie die Weltmeister feilschende Stammkundschaft errungen hatte, bestens aus.

«Was würde sie denn kosten?», fragte ich also in so richtig semiinteressiertem Ton.

«Gebe sie dir für 140», meinte Dave trocken und wandte sich wieder einem anderen Plattendeal zu, den er gerade interessanter zu finden schien, und ich zog es aufgrund dieser fehlenden Verhandlungsbereitschaft in Erwägung, einfach mit der Platte unterm Arm davonzurennen, abzuhauen, er schaute ja eh nicht hin. Ein leiser Rückzug hätte es auch getan.

Ich drehte mich unschuldig um, keine Augen auf mir, und war wirklich drauf und dran, loszulaufen, als mich ein Arm wie eine Peitsche von hinten auf den Rücken traf.

Ich wirbelte herum. Da stand er: eine Glatze im Gegenlicht, schillernder Tracksuit, ein paar Tattoos, selbstbewusst wie der Koloss von Rhodos, voller Kurs auf den Club 27 und immer mit diesem lässigen und irgendwie auch herabwürdigenden Grinsen.

« Hallo, Ben », sagte ich und gab ihm eine hastige Umarmung, die er jedoch gleich abschüttelte.

« Was machst du hier, Alter? », fragte er.

« Bin doch immer auf dem Flohmarkt », meinte ich unschuldig.

« Ja, nein, ich weiß schon. Ich meine: Was machst du ... hier?!»

Er deutete auf Daves Stand und nahm mich dann mit skeptischem Blick ins Visier. Ich beklaue deinen blöden Kollegen, hätte ich gern gesagt. Doch da hakte er schon nach.

« Hast du die etwa gekauft? »

Er zog mit einem eleganten Griff die Schallplatte unter meinem Arm hervor und musterte sie einhändig, während er in der anderen Hand einen Stapel mit alten House-Platten balancierte.

« Ich hab's mir überlegt ... »

« Schon wieder so etwas Altes? »

« Weißt du, wie selten diese Platte ist? 1984! »

« Die habt ihr doch schon. »

« Nicht in dieser Version. »

« Ist doch genau dieselbe Musik darauf. »

« Mann, Ben, du kapierst es nicht. Das ist eine Rarität! »

Ich behalf mir mit einem Fingerzeig auf die gleichnamige Kiste, und er zeigte sich zufrieden mit seiner gelungenen Provokation. Da erst fiel sein Blick auf das Preisschild, und jetzt musste es natürlich losgehen.

« Hundertfünfzig?! », rief er triumphierend und zog damit alle Blicke auf uns.

«Mann, schrei nicht so rum», zischte ich. «Das ist ein Geschenk.»

Seine Augen verengten sich. «Für wen denn?»

«Für wen wohl, du Detektiv?»

«Ja, läuft denn da jetzt endlich was?», fragte er wieder zu laut, und ich packte sachte einen seiner aufgebauschten Tracksuitärmel, die auf den Umfang seiner dünnen Arme schrumpften, wenn man sie mal richtig anfasste. «Halt jetzt die Klappe. Da läuft nichts.»

«Ach du Scheiße», stöhnte er. «Und jetzt willst du sie mit einer Schallplatte rumkriegen?»

«Gib jetzt wieder her.»

«Also kaufst du sie doch!»

«Ja, Mann, habe ich doch gesagt. Ist eben einfach scheiße teuer, der ganze Mist hier ...»

Gut, den letzten Satz hatte ich bewusst platziert, auch wenn ich das darauf Folgende nur mit größter Scham und gequältem Lächeln über mich ergehen ließ: Ben schnippte jetzt wie geplant in der Luft herum und bestellte so Dave zu sich her, denn die beiden kannten sich aus den Clubs und coolen Bars, in denen man sich auch unter der Woche mal ordentlich zukoksen oder die Kante geben konnte. Und dann erklärte Ben ihm wie ein richtiges Arschloch meine Situation: dass ich schon seit einem Jahr «ums Verrecken bei einer landen» wolle, es aber nicht schaffe und es darum jetzt mit dieser Platte versuche, und er doch den Preis mal drücken solle, damit ich endlich eine Chance bei Mara habe.

Natürlich überschätzte Ben seinen Einfluss. Dave nahm sich die Snapback vom Kopf und kratzte sich in einer einstudierten Geste am Haaransatz, als versuche er gerade, das Unmögliche für mich, ihn, uns, keine Ahnung wen, möglich zu machen. «Duuu, die ist echt wertvoll, Mann», druckste er herum, doch ich wusste, in welche Richtung er ging, ich kannte den Trick. Ich hätte von hier an übernehmen und die Szene cool herunterspielen können. Doch weil ich mich wie ein Kalb hinter Ben versteckte, fuhr der natürlich voll rein und musste noch erzählen, dass ich ja auch in einem Plattenladen arbeitete. Beschämt kam ich also hinter ihm hervorgekrochen und musste Dave auch noch die Hand schütteln, obwohl ich mir geschworen hatte, Körperkontakt um jeden Preis zu vermeiden. Aber gut, immerhin schien Bens Taktik doch zu ziehen: Für hundertfünfzehn Franken kam ich weg, was sogar etwas besser war als erhofft und beinahe ein fairer Preis.

Ich sagte kein Wort mehr, zahlte und schlurfte beschämt davon. Da baute sich Ben plötzlich vor mir auf, stemmte die Arme in die Hüften und grinste mit der Überlegenheit eines Weltmeisters.

«Naa?», sagte er und bauschte zufrieden die Ärmel seines Tracksuits wieder auf.

«Okay, okay», seufzte ich. «Danke, Ben.»

Wieder ein freundschaftlicher Peitschenhieb auf meinen Rücken.

«Hätte nicht gedacht, dass du dich an Dave herantraust.»

«War eine Ausnahme», nuschelte ich und kickte einen Stein weg, um sein Grinsen nicht sehen zu müssen. «Was treibst du denn eigentlich so?», lenkte ich ab. «Legst du wieder auf, oder was sollen all die Platten?»

«Ja, hab's mir überlegt», meinte er und schaute zufrieden auf seine Maxisingles. «Schau dir mal die Cover an, auf allen sind –»

«Ich hab's gesehen», unterbrach ich ihn und warf einen enttäuschten Blick auf all die Frauen in Bikinis. «Kommst du mal wieder ins Drittel? Warst ewig nicht mehr da. Sogar Pia ist vorbeigekommen.»

Er wiegte den Kopf hin und her wie eine beschworene Kobra. «Jaa, weißt du, stehe ja den ganzen Tag jobmäßig in der Küche und nach Feierabend habe ich dann selten Zeit.»

Ich glaubte ihm, denn er schaute mich aufrichtig betrübt an, und ich beließ es dabei. Wir redeten noch eine Weile, und ich merkte mit der Zeit, dass ich mich freute, ihn angetroffen zu haben, auch wenn jetzt Daves Hautflora langsam an mir hochkroch. Ben machte eigentlich sogar einen verhältnismäßig gesunden Eindruck. In den letzten Monaten war es ihm ja meistens ziemlich mies gegangen; durchgemachte Wochenenden, Gesuhle im Untergrund der Stadt, alles, was ihm neben seinem verhassten Alltag eben irgendwie einen Kick gab.

«Warst du im Ausgang gestern?», fragte ich möglichst verdachtsfrei, und er meinte, er hätte sich nur mit Lucy auf ein bisschen Wein getroffen, was für ihn wirklich sehr vernünftig war.

«Tut dir gut, Zeit mit ihr zu verbringen», stellte ich zufrieden fest, und er nickte trocken, weil er es vermutlich unangenehm fand, wenn Lucy so an seine Seite gerückt wurde, schließlich hatte er sich geschworen, nie wieder eine Beziehung zu führen. Ich fing also einfach an draufloszureden, erzählte ihm vom Drittel und fragte, wie's in seiner Kochlehre lief, und er winkte nur ab und meinte aufmunternd, jetzt sei Wochenende, da würde nicht über die Arbeit geredet, denn wenn er mal damit losgelegt hätte, würde ich in zehn Minuten noch hier stehen und müsste mir böse Schimpfwörter in Richtung Altersheimküche anhören.

So strich er mir zum Abschied in seltener Sanftheit über den Rücken, und ich meinte, ich müsse mal Robin wieder einsammeln gehen, den ich komplett vergessen hatte und der mittlerweile wirklich überall hätte sein können.

Ben ging wieder zurück, um bei Dave abzuhängen, und ich durchkämmte den halben Flohmarkt, bis ich Robin über eine riesige Ramschkiste voll ranziger CDs gebückt wiederfand, in der er wie ein Kind in Lego wühlte.

«Na, du», sagte ich und wuschelte ihm durchs Haar. «Schaust du nicht auf dein Handy?»

«Das habe ich zu Hause gelassen», meinte er stolz, und ehe ich noch etwas sagen konnte, drückte er mir eine CD-Hülle in die Hand.

«*The Primal Scream: Primal Therapy* von Arthur Janov?»

Er nickte eifrig und schielte erwartungsvoll aus der Hocke zu mir hoch.

«Was soll das sein?»

«Das kennst du nicht?!»

«Nö.»

Jetzt fuhr er hoch: «Das ist die legendäre Urschreitherapie! Du dringst ins Unterbewusstsein vor, durchlebst frühkindliche Traumata und dann schreist du den Urschmerz heraus. Das ist wie gemacht für mich, Milo!»

«Und das funktioniert?»

«Bei John Lennon hat's geholfen.»

«Na, wenn's bei dem einen Genie klappt ...»

«Eben.»

Ich lächelte und fand es schön, wie er sich in sein neues Projekt stürzte. Sowieso war ich jetzt ziemlich gut drauf, schließlich hatte ich gerade die beste Schallplatte der Stadt, sorry, der Welt gekauft.

Ich nahm das Album unterm Arm hervor, hielt es ins Sonnenlicht. Es glänzte wie ein Diamant. Da machte jetzt sogar Robin Stielaugen, und fünf Leute um uns herum starrten mich plötzlich an, und spätestens jetzt war ich mir zu hundert Prozent sicher: Das war er. Der verdammte Kristallschädel.

2

Knallbunte Girlanden baumelten im Drittel von der Decke, dazwischen ein glitzernder Happy-Birthday-Schriftzug, der so gar nicht zu den matten Farben und staubigen Plattencovern passen wollte, goldenes Lametta, lieblos über die Jazzplattenkisten geworfen – zweifellos die Versuche eines mittelmäßigen Vaters, der Welt zu zeigen, wie gut er sich um seine Tochter kümmerte.

Mara entschuldigte sich noch in der gleichen Sekunde, in der ich das Geschäft betrat, für den ganzen «Kinderpartyscheiß», zupfte eine Girlande aus der Ambient-Kiste und schmiss sie mit angewidertem Blick hinter den Kassentresen.

Die darauffolgende Umarmung war wirklich mies, sogar für ihre Verhältnisse, und ich merkte, dass hier irgendwas nicht stimmte: Die Stimmung war eine absolute Katastrophe. Dabei hätte hier in Kürze Maras Geburtstagsparty stattfinden sollen; Gäste, Geschenke, gute Laune. Doch das Einzige, was hier abseits des Dekokitschs an Party erinnerte, waren die Geräusche von Pierre, der im Hinterzimmer gerade einen riesigen Fresstrog voll Nudelsalat umrührte; das Schmatzen von verkochten Nudeln, die mit dicker Mayonnaise und Lyonerstreifen verrührt wurden, ein pampig-väterlicher Liebesbeweis. Ansonsten absolute Stille. Es lief noch nicht mal eine Platte, verdammt noch mal, was war hier eigentlich los?

Wenigstens funktionierte Maras sechster Sinn (Vinyldetektor) noch, denn gleich nach unserer dürftigen Begrüßung schielte sie auf die verdächtige Form, die sich in meiner Tragetasche abzeichnete und nichts weniger verhieß als das beste Geburtstagsgeschenk aller Zeiten.

«Denk ja nicht daran», versuchte ich spielerisch die Stimmung anzuheben und drückte die Tasche fest an meine Brust. «Erst wenn du Geburtstag hast.»

An jedem anderen Tag hätte Mara als Reaktion ihre Hand chamäleonzungenartig hervorschnellen und mir die Platte entreißen lassen.

«Okay», antwortete sie heute.

Das war's. Okay. Gab es doch einfach nicht.

«Alles in Ordnung bei dir?», fragte ich.

Wieder ein nichtssagendes Nicken. Ich kannte diesen Ausdruck auf ihrem Gesicht.

«Welcher Rockstar ist gestorben?», wollte ich also wissen.

«Keiner», antwortete sie knapp.

Statt weiter nachzuhaken, lobte ich plump ihr Outfit: Verwaschene Jeans und ausgelatschte Converse ließen gebührend Raum für ein Bob-Dylan-Livekonzert-Shirt, auf dem ein paar Tiere auf Fahrrädern saßen. Mein Kompliment wurde jedoch von einem Ruf aus dem Hinterzimmer abgeschnitten. Pierre bestellte Mara zu sich. Sie hetzte gleich los, schlug apokalyptische Wellen in den Bambusvorhang und *schloss die Tür zum Büro*, was in meiner ganzen Arbeitszeit vielleicht höchstens zweimal passiert war, und da waren es irgendwelche Familiengeschichten gewesen, also wichtiges Zeug, so richtig wichtiges Zeug, das mich nichts anging und mir das Gefühl gegeben hatte, nur ein Hilfsangestellter zu sein. Was es auch heute tat.

Doch treu wie ich war, summte ich, statt zu protestieren, eine belanglose Melodie, extra laut, um ja keines der Worte zu verstehen, die durch die dünne Bürotür zu hören waren. Ich lief den kurzen Flur hinab und ging dann durch eine Tür rechts in den Garten hinaus. Die *Purple-Rain*-Platte behielt ich schön eng bei mir, bei Mara war das mit Platten nämlich wie bei Katzen mit Fleisch, da durfte nichts unbeaufsichtigt sein, Trauerstimmung hin oder her.

Der Hinterhof war dunkel und kühl, das Gras noch feucht vom Regen der letzten Nacht. Ein verbeulter Kugelgrill zwischen Farnen, die türkise, alte Couch unter dem Hagebuttenbusch, ein langer, abgewetzter Tisch neben der vermoosten Steinmauer. Ruhe vor dem Sturm. Die Chips noch lautlos in der Schale, der Prosecco noch im Büro in Pierres klebrigem Kühlschrank, der immer im Beat von New Orders *Blue Monday* hämmerte.

Vor zwei Monaten hatte Mara hier ihr letztes Fest ausgetragen. Da waren alle mit nackten Füßen übers Gras getanzt, als wäre es 1968 und die Welt noch zu retten. Da war es aber sonniger und wärmer als heute gewesen, und wir beide hatten uns immer wieder vieldeutige Blicke zugeworfen. Allein die Erinnerung daran ließ mein Hirn wieder komisches Zeug ausschütten. Sie rief mir jedoch schmerzhaft ins Gedächtnis, dass heute vielleicht ein absolut miserabler Tag war, um Mara mit einer Schallplatte zu beeindrucken.

Auch Pierre zog ein eigenartiges Gesicht, als er mich später begrüßte, ein Gesicht, als ob er mich nicht erwartet hätte, als ob er überhaupt niemanden erwartet hätte heute und mit seinen vier Kilogramm Nudelsalat zur Tür hinaus und allein nach Hause spazieren wollte. Er meinte, er sei mit dem Kopf gerade *ganz woanders* und schaute mit deprimiertem Blick in die riesige Schüssel, als wäre da irgendwas anderes drin als eine Pampe aus Mayonnaise, Nudeln, Lyoner und sauren Gürkchen, und die beiden taten mir so richtig leid. Also half ich ihnen, die zig Teller, die sie von zu Hause angekarrt hatten, in den Garten zu schleppen, eine Lichterkette zwischen Regenrohr und Hagebutte zu spannen und zwei der Lautsprecher von innen so zu drehen, dass sie schön durchs vergitterte Fenster den Hinterhof beschallten. Dabei hatte ich immer ein Auge auf meine Tasche, doch Mara schien heute tatsächlich gänzlich uninteressiert an der Form des Quadrats.

Als mir der Schweiß bald darauf die Stirn hinunterlief und ich mein Hemd einen schüchternen Knopf weiter öffnete, kamen dann endlich die ersten Gäste, und hui, war das ein hoher Altersdurchschnitt. Zuerst kam Cathy, Pierres ... wie nannte man das in dem Alter? Freundin war's nicht, Affäre klang wie etwas Illegales, ja, die hatten eben einfach etwas miteinander, gaben sich zur Begrüßung einen Boomerkuss, ein mit den Lippen ausgeführtes Händeschütteln.

Dann kam noch eine andere ältere Frau, um die 35 vielleicht, jedenfalls umarmte sie Mara, als wäre sie gerade von einer Weltreise zurückgekehrt. Ich kannte sie aus dem Laden, sie kaufte gern abgedrehtes Zeug, Mahavishnu Orchestra, Ravi Shankar, hatte einen exzellenten Geschmack, auch wenn Mara mir mal erzählt hatte, dass sie die Platten für irgendwelche Rituale oder Zeremonien brauchte.

Als Dritter öffnete Maras Onkel mit einem kräftigen Schwung die Ladentür. Im Raum stand jetzt ein fünfzigjähriger Typ, der mit seinem weißen Motorradoutfit, dem schütteren Haar und dem Sixpack Bier in der Hand aussah wie ein pensionierter Stormtrooper, der an alle Anwesenden viel zu kräftige Umarmungen verteilte. Ich war durchaus erleichtert, als er nach einem Blick in die schlaffen Gesichter seiner Familienangehörigen zum mit Bierflaschen gefüllten Wassereimer eilte und ungeniert kühle Fläschchen in ihre Hände drückte. Ich öffnete meins und sah zu Mara hinüber, die vom Onkel erneut feierlich umarmt und durchgeschüttelt wurde. An ihrem Blick merkte ich, dass sie fast durchdrehte.

Die Situation entspannte sich kurz darauf, als die U40-Fraktion aus Maras Freundeskreis eintraf: Pia in selbst genähten Kleidern, neben ihr Kiki mit den Unmengen an Secondhandschmuck, die beim Gehen klimperten wie ein Flipperkasten. Gleich hinter ihnen Tobi, der jedes Mal aufs Neue wie ein anderer Sesamstraßencharakter aussah. Auf seinen schmalen Rücken hatte er wie üblich seinen Gitarrenkoffer geschnallt, was mich gleich befürchten ließ, dass es heute wieder eine seiner Singer-Songwriter-Einlagen geben könnte.

Ich nahm mir vor, bald das Gitarrespielen zu lernen, und begrüßte die Neuankömmlinge der Reihe nach, freundliches Zunicken für dich, Fäustchen für dich, du kriegst eine warme Umarmung. Und so standen sie sich gegenüber, Alt und Jung, wie zum Generationenclash verabredet, auch wenn der Allerwichtigste von ihnen fehlte: mein Mitbewohner Robin, der mir unter Leisten seines blöden Dreifingerschwurs versprochen hatte, heute als mobiler Selbstvertrauens- und Motivationsspender an diesem wichtigen Abend nicht von meiner Seite zu weichen.

Und wo blieb er? Keine Spur von ihm. Ohne Robin würde ich mich besaufen, so gut kannte ich mich mittlerweile, also rief ich ihn an.

Nichts. Mailbox.

Nochmals. Wieder nichts, Flugmodus, verdammte Scheiße, keine Chance.

Er würde schon kommen, sagte ich mir, er kam ja häufig zu spät, seit er seinen schrottigen Tretroller zum Hauptverkehrsmittel erkoren hatte. Außerdem hatte er es mir versprochen, heute für mich da zu sein. Das heute war nämlich ein hochgradig wichtiger Abend für mich, und was für mich wichtig war, das war auch für ihn wichtig, das hatten wir uns geschworen, und zwar auf Lebenszeit! Und doch gab es genügend Szenarien, in denen Robin heute gar nicht mehr auftauchen würde. Beispielsweise: Rita war spontan für eine mehrstündige Tantrasession vorbeigekommen. Oder: Robin war bei einem Eckhart-Tolle-Hörbuch eingeschlafen. Oder: Robin hatte Angst bekommen, sich unter die Leute zu mischen. Oder: Robin brüllte sich gerade in der Urschreitherapie die Seele aus dem Leib.

Ich fischte ein zweites Fläschchen Super Bock aus dem Wasser. Das Etikett war durchweicht und rutschte vom Glas ab. Die Menschen streiften durchs Drittel und alle redeten irgendwie über Platten und Musik, was mich besänftigte. Pierre zeigte dem Onkel ein Plattencover mit einem Dschungel drauf, woraufhin der Onkel mit der Faust in die offene Hand klatschte und laut lachte. Pierre hätte beinahe gelacht. Wahrscheinlich die guten alten Zeiten ... Ich fragte mich, wie es in dreißig Jahren meiner Generation ergehen würde. Ob wir auch durch die Charthits unserer Jugend in nostalgische Sehnsucht verfallen und von Katy-Perry- und Trapmusik zu schüttelnden Heulkrämpfen gerührt würden.

Aus dem Garten zog der Rauchgeruch vom Grill herein und ermutigte alle, sich draußen an die drei zusammengestellten Tische zu setzen. Der Onkel ließ sich gleich auf den Stuhl am Kopfende fallen, woraufhin Pia Kiki einen bestimmten Blick zuwarf, weil sie das wahrscheinlich gerade zum Kotzen fand, aber auch nicht den Mut hatte, etwas zu sagen. Tobi stellte seine Gitarre zu meiner Beruhigung erst mal drinnen ab und setzte sich zu meiner Beunruhigung noch vor mir gleich neben Mara an den Tisch.

Ich landete schlussendlich zwischen Kiki und Cathy, mir gegenüber Pierre, und hörte den Gesprächen um mich herum zu, während ich mich bemühte, mich beim Nudelsalat und dem Bier etwas zurückzuhalten, um Bauchschmerzen und Besoffenheit vorzubeugen.

Die Stimmung war drauf und dran, besser zu werden, und von der allgemein guten Atmosphäre ermutigt, holten Pierre und der Onkel nach drei Flaschen Bier die Fackeln aus dem Keller und rammten sie in steinzeitlicher Jägermanier enthusiastisch einen halben Meter tief ins Gras, wobei ich Pierre zum ersten Mal heute lachen sah. Ich schielte zu Mara rüber, die sich allein auf das Sofa unter der Hagebutte zurückgezogen hatte und dem Vater-Onkel-Team mit leerem Blick zusah, wie sie gerade das Feuer entdeckten. Eine gute Gelegenheit für etwas Zeit zu zweit, also stand ich vom Tisch auf, merkte, dass ich doch bereits eine überraschende Menge an Bier und Lyonerwurst konsumiert hatte, und lief überfressen und angetrunken zu Mara rüber, um mich neben sie zu setzen, also nicht direkt neben sie, sagen wir so mit zwanzig Zentimeter Abstand. Sie blickte zu mir, lächelte reflexartig und schaute dann wieder ausdruckslos in ihr ausgesprudeltes Sektglas, das sie seit einer Stunde mit sich herumtrug.

«Ich war noch nie auf einer Party mit so hohem Altersdurchschnitt», sagte ich und munterte sie für zweieinhalb Sekunden auf.

«Ich sollte vielleicht mal mein Sozialleben überdenken.»

«Ach was», meinte ich und versuchte so zu klingen, als sei ich gut drauf. «Ich find's gut so. Dein Onkel hat mir vorhin erzählt, wie er früher an seinem Mofa herumgeschraubt hat. Und Pierre und Pia streiten über moderne Musik.»

Sie lachte kurz auf. «Er kann's nicht lassen.»

Wir schauten beide der Fackel zu. «Denkst du, das macht was mit uns?», fragte sie schließlich. «Dass wir andauernd mit so alten Leuten abhängen.»

Ich zuckte mit den Schultern. Mara war nüchtern und nachdenklich, also das genaue Gegenteil dessen, was ich mir erhofft hatte. Und bald war Mitternacht und Mitternacht bedeutete für mich, allen anderen die Show zu stehlen, Tobis Singer-Songwriter-Charme in den Schatten zu stellen, den lauten, besoffenen Stormtrooper-Onkel vergessen zu machen, den billigen Lamettakitsch und die ranzige Lyoner zu Belanglosigkeiten verkommen zu lassen und Mara das Gefühl zu geben, dass sich die Welt für die Dauer einer Langspielplatte nur um sie drehte. Doch wenn ich sie jetzt ansah, wie sie sich hier auf dem Sofa unter dem Hagebuttenbusch vor ihrer eigenen Party versteckte, glaubte ich, dass es ihr momentan lieber war, wenn sich so wenig wie möglich um sie drehte.

«Manchmal macht es mir schon ein bisschen Angst», meinte sie mit ernster Stimme, «dass ich mich so gut mit denen verstehe. Ich meine, wir sollten doch eigentlich eine gesunde Abneigung gegen ihre Generation haben, oder?»

«Sind ja nicht alle über fünfzig Idioten ...», sagte ich, der eine gesunde Abneigung gegen diese Generation hatte.

«Klar, meine ich ja auch nicht. Aber findest du es nicht ein wenig komisch, dass wir jetzt schon ihre Ansichten haben, also vor allem bezüglich Musik? Ich meine, die Welt da draußen, oder besser gesagt die ganze Kultur und so, die ist doch gemacht für Leute in meinem Alter.»

«Wie meinst du?»

«Technomusik, BeReal, Billie Eilishs Haarfarbe, all das eben. Wir müssten doch eigentlich wie verrückt abfahren auf den ganzen Scheiß. Das ist doch die ganze Idee dahinter.»

«Wahrscheinlich.»

«Und trotzdem bin ich näher an Pierres Altersklasse dran mit meinen Schallplatten. Ich kriege nichts mit, und wenn ich was mitkriege, dann interessiert es mich in der Regel nicht. Die meisten Musiker, die ich gut finde, sind schon längst von Würmern zerfressen.»

Ich lachte perplex. «Wirst du vor Geburtstagen eigentlich immer so philosophisch?»

«Je mehr ich mit alten Leuten herumhänge, umso schlimmer wird es.»

«Du solltest an deinem Geburtstag nicht so selbstkritisch sein.»

«Ich habe noch nicht Geburtstag», konterte sie, woraufhin ich nichts mehr antworten konnte.

«Wann kriege ich eigentlich die Schallplatte?», wechselte sie urplötzlich das Thema.

« Schallplatte?», stellte ich mich dumm. Jetzt wäre es mir fast lieber gewesen, keine dabeizuhaben.

« Die du heute mitgebracht hast?»

« Du hast sie also doch gesehen.»

« Hast du geglaubt, du könntest eine Schallplatte ins Drittel bringen, ohne dass ich es merke, hm?»

« Nicht wirklich», gab ich mich geschlagen. « Du kriegst sie, sobald du Geburtstag hast.»

« Dafür hören wir die Platte dann aber sofort!»

« Weiß nicht, ob das alle hier mögen würden», spielte ich einen schüchternen Steilpass, den sie mit einem « Dann warten wir eben, bis die weg sind» ins Tor hämmerte und mich damit zum Grinsen brachte. Und in der nächsten Sekunde Schiss einjagte.

Allein die Vorstellung, sie und ich, zu zweit zu *Purple Rain* auf dem alten Sofa im Plattenladen sitzend, in ihrer Geburtstagsnacht, zu *unserem* Lieblingsalbum. Was rief mehr « Küss mich» als diese Nachahmung einer billigen Hollywood-Liebesszene? So funktionierte das Leben doch nicht. Ein Kuss oder sonst was, das geschah doch zufällig, zum Beispiel wenn, was weiß ich, wenn beide beim Plattensortieren tollpatschig ineinander reinliefen und unter der schelmisch grinsenden Visage von Iggy Pop auf dem *Passengers*-Cover plötzlich loslegten, aber doch nicht in einer so arrangierten Situation. Das war keine romantische Zweisamkeit, die ich hier kreiert hatte, das war ein verdammtes Elfmeterschießen, Schweißperlen und Versagensängste inklusive.

Bevor ich durchdrehte, schielte ich zu Mara rüber, doch sie fuhr nur mit dem Finger nachdenklich über den Rand ihres Sektglases. *Kapierte* sie, was wir soeben vereinbart hatten? So ahnungslos konnte doch nur jemand schauen, der überhaupt keine Hintergedanken hatte bei der Vorstellung, neben mir,

Milo, in schummrigem Licht zu *The Beautiful Ones* auf einem Sofa anzustoßen. Schaute sie denn keine Rom-Coms?

Und wo war verdammt noch mal Robin?

Okay. Kurz vorm Nervenversagen. Ich musste weg von Mara – dieses merkwürdige Etwas, das jetzt zwischen uns war und das anscheinend nur ich zu spüren schien, machte mich schier wahnsinnig. Ich musste runterkommen, entspannen, den Pegel noch etwas anheben, meine Güte, war ich unsicher.

Wie ein Geist huschte ich am langen, lauten Tisch vorbei, an welchem Tobi schon begonnen hatte, an seinem Gitarrenkoffer herumzufummeln, was gleich ein weiteres Problem produzierte, denn wenn er erst einmal das Welpengesicht aufgesetzt und seine durchaus gefälligen Lagerfeuersongs zu spielen begonnen hatte, gab es für die nächste Stunde nichts anderes mehr als ein sentimentales Hin-und-her-Wiegen der Gemeinschaft.

Das war jetzt also ein Doppelnotfall, und deswegen stürmte ich zu Pia, die in Ton, Steine, Scherben doch noch einen gemeinsamen Nenner mit Pierre gefunden hatte, und tippte ihr mit 200 bpm auf die Schulter: «Kommst du kurz mit?»

Sie schaute mich eine Sekunde genervt an. Als sie aber die Not in meinen Augen sah, nickte sie nur ernst und marschierte mir einsatzbereit ins Drittel hinterher.

«Was hältst du von Rio Reiser?», fragte sie mich, als ich innen fieberhaft durch den Laden rannte, um eine neue Platte aufzulegen, bevor Tobi die Abwesenheit von Musik als explizite Aufforderung für ein Konzertchen verstand. Sie wiederholte die Frage. und ich gab als Antwort irgendeinen undefinierbaren Satz von mir, irgendwas zwischen «Gut», «Nervig» und «Jetzt gerade nicht».

«Bist du im Stress, oder wie?», rief sie mir in die Bluesrockecke rüber. Ich nickte eifrig und griff mir mit beiden Händen verzweifelt in die Haare.

«Was ist denn mit dir los?»

Climax Blues Band. Perfekt. Schnell rausgefischt und auf den Teller geschmissen, Nadel drauf, Konzert abgewendet. Problemstatus: $\frac{1}{2}$ gelöst.

Ich schaute erleichtert auf und bemerkte erst jetzt Pias irritierten Blick, der wohl schon länger auf mir lastete.

«Sorry.» Ich wischte mir imaginären Schweiß von der Stirn.

«Was ist los?»

«Es ist ... Komm mit.»

Ich hastete in Pierres Büro, sammelte dort Einwegbecher und zimmerwarmen Weißwein zusammen und brachte die Ladung gefolgt von Pia vors Drittel, wo wir uns auf den Absatz des Schaufensters setzten. Die Straße war warm und leer, im alten Haus gegenüber lief ein uraltes italienisches Lied aus einem Radio, ein lauer Wind trug den Geruch von gammelnden Abfallsäcken durch die Gasse.

Ich füllte übereilig Wein in die Becher und erklärte Pia währenddessen im Eiltempo meine Lage, die komische Stimmung, mein Geburtstagsgeschenk und dass ich mit Mara für eine mitternächtliche Listening-Session verabredet war.

Sie grinste mich schließlich an. «Und jetzt hast du Schiss, was?»

Ich stürzte den Becher runter. Sie hatte ihren noch nicht mal angerührt.

«In meinem Kopf sah das total perfekt aus, verstehst du? Sie und ich, das alte Sofa, niemand mehr im Laden, dann diese Schallplatte, ich habe ein Vermögen dafür bezahlt. Und jetzt habe ich Schiss. Das ist doch alles viel zu erzwungen, zu konstruiert ... Keine Ahnung, ich bin wohl einfach nervös, oder ...? Trinkst du deinen Wein noch?»

«Nimm ihn. Aber nicht zu schnell. Du wirst mühsam, wenn du betrunken bist. Außerdem wäre es ihr gegenüber nicht fair.»

Ich nahm ihr Angebot an und genehmigte mir einen großzügigen Schluck aus ihrem Becher. «Momentan glaube ich eher, dass ich ihr die Platte in die Hand drücke und heulend davonrenne.»

«Gut, dazu musst du ja nicht besoffen sein.»

«Was mache ich jetzt nur?»

Sie legte einen Arm um mich und streichelte mir den Rücken. «Runterkommen, Milo. Es ist alles in Ordnung. Erzwing einfach nichts, schau, was passiert. Und wenn nichts passiert, dann wird es ein andermal vielleicht passieren.»

Ich rieb mir das Gesicht. «Meine Güte, das sage ich mir ja selbst schon seit Monaten. Ben meint, ich schaffe es gar nie, sie auch nur anzufassen.»

«Dem kommt's ja auch nur auf das an. Hör mal, Milo, ihr werdet euch nachher schön hinsetzen und dann gibst du ihr das Geschenk und sie wird sich sicher freuen, wenn sie die Platte sieht.»

«Das weiß ich. Aber Ben meint –»

«Lass uns heute mal auf Ben scheißen, ja?» Sie sagte es freundlich, aber bestimmt und nahm darauf einen feierlichen Schluck Weißwein aus der Flasche. Auf Ben scheißen. Gar nicht so einfach. Er war meine Referenz, wenn's ums ... na ja, *rumkriegen* ging, ein besseres Wort fiel mir nicht ein, aber ich meine, das ist doch das, was man irgendwann mit Menschen machen will, auf die man abfährt, oder? Ich wusste nicht, ob Pia meine Situation verstand. Bei ihr lief das alles immer so ungezwungen, *casual* ab; hier ein Typ, dort vielleicht irgendwann mal noch einer, keine langen Geschichten, keine Gefühlskrisen. Vielleicht war sie aber auch einfach eine Meisterin der Geheimhaltung.

« Die Dinge ergeben sich schon », sagte Pia jetzt noch mal. Aber das galt eben meistens nur für die anderen. Ich war nicht der Typ, bei dem die Dinge so freundlich waren und sich einfach mal eben so *ergaben.* Ich glaubte, für jede etwas längere Umarmung, jede « zufällige » Berührung, jede kleine Anspielung von Mara gekämpft haben zu müssen. Und viele Prince-Alben blieben einfach nicht mehr übrig, mit denen ich es versuchen konnte. Und sowieso. Nach *Purple Rain* kam nicht mehr viel. Die nächste Stufe wäre ein Heiratsantrag gewesen.

« Vielleicht denkt sie sich jetzt gerade genau dasselbe wie du », meinte Pia. « Vielleicht fragt sie sich auch, wann sich all die Mühe, die sie sich gibt, um dir näherzukommen, endlich auszahlt. »

Ich lachte trocken, leerte den Becher und rümpfte die Nase.

« Wenn man auf jemanden abfährt, dann hat man doch immer das Gefühl, die andere Person macht keine ... *Avancen.* »

« Findest du, ich mache *Avancen?* », fragte ich.

« Irgendwie schon. »

« Das klingt schrecklich. »

« Milo, jetzt komm mal runter. Ich meine ja nur. Vielleicht probiert sie auch schon seit Monaten, etwas einzufädeln. So, das klingt doch besser. Und jetzt freut sie sich, dass es heute endlich klappen könnte. »

« Das klingt wieder so schicksalhaft. »

Pia redete noch eine Weile auf mich ein, und ich wusste nicht, ob ich ihren Bemühungen oder der Wirkung des Weißweins zu danken hatte, jedenfalls kam ich irgendwann von meinem Trip wieder etwas runter, und als die Climax-Blues-Band-Scheibe am Ende der A-Seite angelangt war, ging ich einigermaßen gefestigt rein, drehte sie und merkte beim Aufsetzen der Nadel, dass meine Hand nicht mehr zitterte.

«Danke, Pia.»

Sie grinste, und jetzt merkte ich, dass unser ganzes Gespräch nur um mich gegangen war. Ich stellte die Platte etwas leiser und nahm den Bass raus, und als ich mich umdrehte, um Pia zu fragen, wie es denn ihr so ging, was sie in ihrem Gefühlsleben gerade so aufwühlte, war sie bereits wieder verschwunden.

Ich stand also allein mit der Climax Blues Band im Drittel und zerkaute den Rand meines Einwegbechers, schielte auf meine Tasche, in der Prince seinen Schönheitsschlaf hielt, betrachtete mich im dunklen Bildschirm des iMacs, mühte mir ein Lächeln ab, fuhr mir durchs Haar und wäre fast so weit gewesen, ein paar von Robins komischen Affirmationen aufzusagen, als ich von draußen aufgebrachtes Gemurmel hörte.

Dort stand Pierre auf einem Plastikstuhl und fummelte an der bunten Lichterkette herum, freie Sicht auf den Wohlstandsbauch, dann klickte es und die Glühbirnen leuchteten auf. Die kalten Bratwürste strahlten in verschiedensten Neonfarben und brachten Saturday-Night-Fever-Stimmung auf den Tisch, jedenfalls optisch, denn so eine richtige Party war es noch immer nicht. Das wurde es erst zwei Minuten vor zwölf, als die Leute realisierten, dass ja jemand gleich Geburtstag hatte und es wirklich unhöflich wäre, nicht gut drauf zu sein. Aufgeregtes Tuscheln, immer mehr Blicke in Richtung Mara, das Nahen des großen Moments. Da Pierre den Abend gar nicht so weit geplant zu haben schien, spurtete ich jetzt rein ins Geschäft und hängte den iMac per Kabel ans HiFi-System und suchte im Internet *Happy Birthday* von Stevie Wonder, wobei ich mir ziemlich sicher war, dass Mara diesen Song hasste. Egal, Zeit zum Nachdenken blieb keine mehr. Der treue iMac ließ mich nicht im Stich, kämpfte sich tapfer durchs World Wide Web, hängte sich trotz lautem Stöhnen nicht auf, und als auf der digitalen Uhr genau vier Nullen standen, drückte ich auf Play. Die scheiß YouTube-Werbung kam natürlich, woran ich überhaupt nicht gedacht hatte. Anscheinend trank jemand von uns aus dem Drittel gern Capri-Sonne. Mit leichter Verzögerung ging es dann doch noch los, und ich drehte die Lautstärke vorsichtig auf und sprang dann wieder in den Hinterhof, wo Mara bereits wie ein Plüschtier gedrückt wurde.

Als sie schließlich vor mir stand, waren ihre Haare ganz verstrubbelt. Jegliche Versuche, noch irgendwas zu richten, schlugen fehl. Ich gratulierte ihr mit den Worten, mit denen man eben gratuliert, drückte sie herzlich und spürte ihren weichen Pullover und presste mich an sie und wir lächelten uns danach noch etwas dumm an. Als ich mir gerade einen Satz zurechtgelegt hatte, um die peinliche Stille zu brechen, wurden bereits die Gläser auf sie erhoben, und ich musste jetzt doch noch einen letzten Schluck trinken.

Beim ersten Donner holte der Onkel sein Handy hervor und meinte, es würde jeden Moment zu schütten beginnen, und jemand machte noch einen Spruch, doch der Onkel beharrte auf die Genauigkeit seiner LANDI-Wetter-App und siehe da, nur ein paar Minuten später fielen die ersten Tropfen, und da brach dann auch schon ziemlich schnell eine dezente Apokalypsestimmung aus. Tobi machte mit seiner Gitarre unterm Arm einen sagenhaften Sprint unters Vordach, Pierre rettete die letzten halbgaren Würste vom Grill, in welchem die Tropfen bereits zischend verdampften, und ich stand nur da und bestaunte beschwipst diesen stillschweigenden Konsens, dass die Party jetzt offensichtlich vorbei war, denn alle anderen brachen unter furchterfüllten Blicken Richtung Himmel auf, um noch einigermaßen trocken heim oder in den Ausgang zu kommen. Sie warfen sich ihre jetzt nutzlosen Sommerjäckchen über, verabschiedeten sich umständlich von uns («Tut uns leid, aber Sommergewitter, du weißt schon …») und drückten sich durchs Drittel nach draußen auf die Straße – es war wie ein umgekehrter Ausverkauf – und winkten noch von ihren Fahrrädern aus, als sie am Schaufenster vorbeiradelten. Pia war die Letzte, die zur Tür hinausging und mir noch zwei Daumen durchs Schaufenster drückte.

So war die Party ganz plötzlich auf die Kernfamilie eingekocht. Pierre, Mara, der Onkel und ich machten uns ans Aufräumen, während sich bereits fette, kalte Regentropfen auf dem Rasen zu Pfützen stauten. Es regnete nicht nur, es *pisste* richtig, sodass Pierre dem Onkel anbot, ihn nachher mit dem Auto mitzunehmen. Die Sache lief wie nach Skript, innerhalb von zwanzig Minuten war diese relativ zahme Party in gegenseitigem Einvernehmen aufgelöst worden.

Bis auf Mara und mich.

Durch prasselnden Regen stürmend sammelte ich behelfsmäßig noch ein paar Teller ein und sendete einen Luftkuss an die Götter, die den denkbar ungezwungensten Anlass gefunden hatten, um Mara und mich vom Fest abzuspalten. Die Situation war jetzt deutlich weniger angespannt, als wenn Mara und ich noch krampfhaft hätten warten müssen, bis auch die allerletzte Nase endlich abgezischt war. Jetzt *mussten* wir hier zu zweit im Drittel verharren, und nach dieser trägen Party konnte es nur noch besser werden.

Ich stand im Türrahmen und schaute in die Nacht. Auf dem Wellblech des Gartenhäuschens hämmerten die Tropfen, und mir lief das Wasser eiskalt den Rücken hinunter. Mara kam aus dem Drittel und rubbelte mir mit einem Küchentuch die Haare trocken. Ihr Gesicht sah ich dabei nicht, denn sie stand hinter mir und legte mir das warme Tuch schließlich um den Hals. Dann positionierte sie sich neben mir, Arm *an* Arm schauten wir zu, wie die Schüsseln sich mit Wasser füllten und der Nudelsalat zur Minestrone wurde. Sie pfiff *Riders on the Storm,* und ich schmunzelte. Und dann stupste sie mich an.

«Ich habe Geburtstag, Milo.»

Ich musste kurz überlegen, dann kapierte ich: «Okay, ist gut», ergab ich mich. «Du kriegst jetzt dein Geschenk.»

Sie lief um die Ecke zurück in den Plattenladen, und ich folgte ihr, während ich mir mit dem Tuch die Haare weiter trocknete, die sich jetzt in einen unvorteilhaften Surfer-Look verwandelt hatten. Im Laden setzte sie sich wie eine Muster-schülerin aufs Sofa, streckte den Rücken durch und trommel-te auf den Beinen. Das Licht war schummrig, und unsere Ge-sichter von der Kälte ganz weich und rosig. Der Regen hatte mir etwas die Unsicherheit abgewaschen und jetzt, wo der Moment gekommen war, fand ich mich eigentlich erstaunlich relaxt. Ich war sicher auch etwas angetrunken, beim Anstoßen waren es dann doch noch ein paar Schlucke mehr geworden, aber das spielte jetzt alles keine Rolle mehr. Ich holte Prince endlich aus seinem Versteck hervor (zwischen zwei AC/DC-Platten; eher hätte Mara in ein Spinnennest gefasst) und überreichte ihr das Geschenk in der Stofftasche. Sie nahm mir die Pflicht peinlicher weiterer Beglückwünschungen ab, indem sie mir die Tasche mit beiden Armen entriss und ihren Killerinstinkt wieder aufblitzen ließ.

Ich setzte mich vorsichtig neben sie und schaute ihr ge-spannt zu, wie sie das Geschenkpapier mit den blöden Weih-nachtssternen, das ich heute von meinen Eltern mitgehen ließ, viel zu lange anschaute, dann mich anblickte, ein fast mitleidiges Gesicht zog und kurz lachen musste.

«Reiß es doch einfach auf», drängte ich sie, weswegen sie das Papier jetzt natürlich noch genauer inspizierte und mit dem Finger über die Sterne fuhr, als seien sie edle Kostbarkeiten. Dieses Programm zog sie konsequent durch – mit übertriebener Genauigkeit öffnete und entfaltete sie das Geschenkpapier. Doch als sie die japanischen Schriftzeichen und die wahnsinnige Haarsprayfrise von Prince sah, da drehten die Instinkte mit ihr durch und sie zerfetzte die beschissenen Sterne in tausend Stücke, und der Rest lief wie von allein. Eine Minute später hörten wir bereits *Let's Go Crazy*. Mara drückte mich und fragte, wo ich die Platte aufgetrieben hatte, was ich natürlich nicht sagen konnte, denn ich hatte sie ja ihrem Erzfeind abgekauft. Also gab ich mich geheimnisvoll, was ihr völlig genügte, und sie lehnte sich an mich. Als nächstes Lied kam *Take Me With U,* und da waren wir gewissermaßen schon auf dem Sofa am Rumkuscheln. Bei *The Beautiful Ones,* einem gnadenlos kitschigen Song, waren sich unsere Gesichter bereits so nah wie noch nie zuvor. Das verdammte Schicksal, ich glaubte, ich konnte es spüren, und ich strich Mara zum ersten Mal in meinem Leben über die Schulter, sog den Geruch vom Shampoo, das der Regen aus ihren dunklen Haaren gelöst hatte, ein. Sie sah etwas traurig aus, dachte ich mir, aber das würde sich schon regeln, und sie lehnte mit dem Rücken an mir, und ich meine, kann man sich das vorstellen, also legte ich meinen Kopf auf ihre Schulter, sodass ich ihre Wange beinahe berührte. Sie schloss die Augen, und ich tat es ihr gleich, und jetzt waren wir in einem luftleeren Raum voll weinender Synthesizer und einem mit dem Reverb des Universums heulenden Prince, und da dachte ich: Jetzt oder nie. Und mit einer etwas unglücklichen Verrenkung wollte ich sie küssen, nur auf die Wange, freundlich und kurz, doch da wich sie von mir, nicht ruckartig, ganz sanft. Sie drehte sich um, schaute mir tief in die Augen und sah noch trauriger aus als in all den anderen Momenten des Abends zuvor. Ich schaute sie verunsichert an, scannte ihr regungsloses Gesicht, begann mich tausendmal zu entschuldigen, doch sie unterbrach mich.

«Du musst dich nicht entschuldigen. Ich ... kann einfach nicht.»

Ich richtete mich auf. «Das ist kein Problem», spulte ich sofort ab, «alles in Ordnung, wir müssen nicht, wenn du das nicht –«

«Wir fliegen raus.»

Ich stoppte. «Was?»

Sie schaute mich mit flackerndem Blick an. «Das Drittel, Milo. Wir fliegen raus.»

3

Das geht alles auf Robins Kappe, dachte ich mir, während mir der Regen ins Gesicht peitschte und *Here Comes the Night* von Streetheart mir in Lautstärke Hörschaden über die billigen Applekopfhörer in den Ohren schmerzte. In meinen Augenwinkeln sah ich die tristen Baracken des Industrieareals. Wer machte hier draußen auch einen Club auf? Egal, ich war nicht wegen des Clubs hier, ich fand Clubmusik eigentlich ziemlich beschissen, aber Pia und Ben waren nach dem Geburtstagsfest zum Weiterfeiern hierhergefahren, und da Robin im Nirwana keinen Empfang zu haben schien, musste ich mich jetzt eben hier in den Club zwangseinweisen, um seelische Unterstützung zu erhalten.

Ich schloss mein Fahrrad ab und reihte mich in die Schlange vor dem Eingang ein. Die Musik ließ ich weiter auf voller Lautstärke laufen, um den Techno zu übertönen, und das Geschehene ließ ich noch einmal Revue passieren. Es war nicht mehr viel passiert im Drittel. Ich war nach Maras Geständnis perplex aufgestanden und hatte als Erstes die Musik abgewürgt (dieser Moment hatte es nicht verdient, Prince zu hören), dann versuchte ich mich zu fassen, denn natürlich war klar, was passiert war: Pierre hatte doch noch den verdammten Brief geöffnet, und zwar *an ihrem Geburtstag*, okay, nicht ganz, eigentlich am Abend davor, aber trotzdem, hallo?! Jedenfalls hatte Mara den Tränen nahe in der Sofaritze herumgefummelt, und ich dachte mir noch: Bitte fang nicht an zu weinen, sonst wäre ich komplett durchgedreht, also gab ich ihr noch ein paar Sekunden, bis sie dann von allein wieder zu reden begann und mir schließlich den Dreckwisch der Verwaltung zeigte, der in Pierres Büro auf der Mitte seines Tisches lag. Zusammenfassung: Änderungskündigung, entweder

Monatsmiete um 400 Franken erhöhen oder bye-bye – also ein sehr förmlicher Tritt in den Arsch, wir danken Ihnen für Ihr Verständnis, wir hoffen, Sie verstehen, dass wir uns zu diesen Maßnahmen gezwungen sehen, blablabla, fickt euch.

Als ich in der Schlange endlich dran war, musterte der Securitytyp mich, ein klatschnasses Häufchen Elend, kritisch. Ich machte große, mitleiderregende Augen und überlegte mir im Suff, ihm meine Geschichte zu erzählen, doch mein Blick schien zu genügen. Mit einer gefühllosen Geste winkte er mich durch.

Als ich den Brief im Büro gelesen hatte, gab ich Mara eine Umarmung, weil ich nicht wusste, was ich denn hätte sagen sollen, und wir standen etwa eine Minute lang so da. Als sie mich schließlich losließ, atmete sie tief ein, schüttelte noch einmal den Kopf und meinte, sie brauche jetzt Ruhe, Zeit für sich, all das eben. Also war ich ohne ein weiteres Wort, nur mit einem stummen Nicken gegangen.

Im Club stank es nach Rauch. Es war laut, verdammt laut, also schob ich mir die Kopfhörer so tief rein, bis sie direkt auf dem Trommelfell aufzuliegen schienen. Ich kämpfte mich durch tanzende Oktopusse, Schattenboxer und Agglokids und nach einer gefühlten Ewigkeit sah ich in der Dunkelheit endlich Pias goldenes Haar, das sich über Kiki gebeugt hatte, damit sie sich küssen konnten. Ich stoppte, kurzes *Hä,* waren die nicht einfach befreundet?, dann ging die Nebelmaschine los und schon stand ich neben den beiden und kämpfte gegen die Schallwellen des Ballersounds und den Nebel an, während ich Pia ins Ohr plärrte, dass ich ihre Hilfe brauche und sie ganz dringend mal rauskommen müsse. Sie wandte sich nach meinem Schultertippen genervt von Kiki ab, und da checkte ich erst, dass ich gerade das beschissenste Timing der Welt hatte. Doch Pias Anschissblick wich dann doch schnell einem

Ausdruck des Erstaunens, als sie sah, *wer* ihr da gerade so frech reingegrätscht war.

«Warum trägst du Kopfhörer?», fragte sie, als wir kurz darauf im Außenbereich auf dem feuchten Holz eines Palettensofas ohne Bezug saßen

«Weil ich Clubmusik scheiße finde.»

«Warum bist du dann hier?» Sie zündete sich mit hastigen Bewegungen eine Zigarette an und zog stark an ihr. «Du solltest doch sowieso im Drittel sein.»

«Ich weiß, ich weiß», seufzte ich beinahe entschuldigend. «Ich will dich auch überhaupt nicht stören, also, es tut mir auch echt leid, dass ich da eben so reingefunkt bin ... Äh ... Ist das jetzt ein ... Ding mit dir und Kiki?»

Wie blöd das klang.

Sie fuhr sich durchs Haar und zog mit geschlossenen Augen gleich dreimal an der Zigarette. War sie etwa auf irgendwas? Dann seufzte sie. «Sieht irgendwie so aus, was?»

«Wie lange schon?»

«Seit ... dreißig Minuten.»

«Krass.»

«Was ist daran krass?»

«Nichts, ich dachte nur, ihr wärt einfach nur ... befreundet. Du hast gar nie erzählt, dass da ... äh, *mehr* ist.»

Sie schloss jetzt wieder verdächtig lange die Augen und pulte am aufgeweichten Holz herum.

«Ich habe nicht gern darüber geredet», sagte sie dann und winkte mit der Zigarette ab, wobei Ascheflocken in einer Pfütze verglühten. «Es war einfach verdammt kompliziert.»

«Dann freut es mich, dass es jetzt klappt.»

Wie viel Kraft ein Lächeln kosten konnte.

«Schon gut», meinte sie und lächelte zum Glück auch, «ist wohl sowieso gerade nicht der Moment für das, oder? So, wie du aussiehst.»

«Allerdings.»

«Was ist passiert? Warum sitzt du hier im Regen herum?»

Jetzt nahm sie doch tatsächlich meine Hand (*sehr* untypisches Verhalten) und schaute mich mit großen Augen an, wobei, was heißt hier groß, Riesenteller waren das, Augen wie ein Koboldmaki hätte Robin gesagt, wenn er hier gewesen wäre und mich nicht im Stich gelassen hätte. Ich war mir jedenfalls ziemlich sicher, dass sie sich was geschmissen hatte. Es war mir in dem Moment aber erstaunlicherweise egal. Statt einfühlsamen Tripsittings bekam Pia nun die Rekapitulation der Tragödie des heutigen Abends von mir vorgetragen: Ich erzählte die ganze Geschichte, mein fantastisches Wahnsinnsgeschenk, das Sitzen auf dem Sofa, das fantastische Orgelintro von *Let's Go Crazy* (hierfür nahm ich mir Zeit), das Näherkommen, der Beinahe-Kuss, dann die Scheißnachricht der Verwaltung und mein hastiger Abgang.

«Änderungskündigung, nicht schlecht», meinte Pia und nickte bitter anerkennend. «Clevere Wichser.»

Ich schaute sie an, in der festen Erwartung, dass sie jetzt genau aufzeigte, wie man gegen die cleveren Wichser vorgehen konnte, denn sie studierte ja Jura und wusste, wie man sich gegen solche Leute zur Wehr setzte, mit ihren eigenen Arschlochwaffen schlagen und so, richtig? Richtig?!

«Ihr braucht einen Anwalt», meinte sie trocken. Jegliches Drogenflair war verschwunden, und ich erschrak, weil ich sie mir in dem Moment zum ersten Mal in einem Anzug vorstellen konnte.

«Echt jetzt?!»

«Ihr müsst Einsprache erheben», erklärte sie. «Und zwar in den nächsten dreißig Tagen. Ohne Anwalt keine Chance.»

Die lebensfrohen Ausmaße ihrer Riesenpupillen verweigerten es, sich dem Ernst der Situation anzupassen.

Ich dachte nach. «Und was denkst du, bestünde vielleicht die Möglichkeit, dass, also, eventuell *du* –»

Ein kurzes Lachen unterbrach mich. «Tut mir leid, Milo, aber dafür reiche ich nicht aus. Ihr braucht jemanden mit Expertise im Gewerbemietrecht, einen, der sich auskennt mit all dem Scheiß.»

Ich schaute sie entgeistert an. «Und was kostet das?»

«Dreihundert Franken.»

«Für?»

«Eine Stunde.»

«Ach du Scheiße.»

«Jap.»

«Das kann sich ja keine Sau leisten.»

Sie hob einen leeren Becher neben ihr auf. «Auf die Gleichheit vor dem Gesetz.»

«Immerhin heißt das, dass du mal richtig viel Kohle verdienen wirst.»

«Vergiss es. Wenn du im Gerichtssaal auf der richtigen Seite stehst, wirst du nicht reich.»

Ich vergrub mein Gesicht in den Händen. Jetzt hatte ich Pia mit der Sniper von Wolke 7 geschossen, und sie konnte mir nicht mal helfen.

«Ich glaube, du solltest wieder zu Kiki gehen», murmelte ich resigniert durch meine Finger.

«Ich lasse dich sicher nicht hier sitzen.»

«Schon okay ... Ich brauche, glaube ich, eh Zeit für mich.»

«So ein Scheiß.»

«Doch. Echt. Ich glaube, ich gehe sowieso heim.»

«Soll ich dich begleiten?»

«Schon gut, echt.»

«Gott sei Dank», hüstelte sie.

Ich schaute sie von unten an und lächelte. «Danke, dass du für mich rausgekommen bist.»

Sie setzte sich nochmals und zwängte sich an mich, legte ihre Hand auf meinen Rücken und besänftigte mich mit ihren Streichelfähigkeiten, die von der Droge ein Upgrade auf Maximallevel erhalten hatten.

«Falls ich auch mal eine Krise habe, komme ich auf dich zurück, Milo.»

Ich dachte, das seien ihre Abschiedsworte. Doch sie blieb sitzen und streichelte, und trotz der Wohligkeit, die ich dabei empfand, musste ich ihr doch noch einmal klarmachen, dass ich zu schreien beginnen würde, wenn sie jetzt nicht sofort zu Kiki zurückging.

Da verstand sie dann endlich, dass es nun an ihr lag, diese Nacht noch zu retten.

Ich schaute ihr nach, wie ihre Locken bei jedem Schritt hüpften und sie wieder im Club verschwand.

Ich machte wieder die Kopfhörer rein, klarer Fall, *Purple Rain* voll auf Anschlag. Bereits der eröffnende Gitarrenakkord verstärkte mein Leid mal zehn. Sehr schön. Jetzt hatte diese Nacht doch noch was von Hollywood. Ich blieb exakt acht Minuten und vierzig Sekunden sitzen, denn ich hörte die Albumversion und nicht den Single-Edit, der sich die Frechheit erlaubte, das beste Gitarrensolo aller Zeiten mit einem Fade-out abzuwürgen, und dann auch noch mit einem miserabel umgesetzten. Dann stand ich auf, um mir ein Bier holen zu gehen und dabei zu überlegen, welchen Song ich als Nächstes hören sollte. Die Schlange vor der Bar war lange genug, um gründlich abzuwägen, ob ich von *Strange World* die Originalversion von Tears for Fears oder doch die von Gary Jules hören sollte. Ich entschied mich für letztere, was eine Ausnahme war, denn außer bei Bob-Dylan-Songs fand ich

Coverversionen meistens mies, doch besondere Umstände erforderten besondere Maßnahmen. Ich hatte mein Spotify bereits geöffnet und mich auf das einzige Lied eingestellt, das mich vor meiner Mutter weinen lassen konnte, als er mich traf. Tätowiert und satt schlug er mir auf den Rücken: der Peitschenarm. Ich fuhr ordentlich zusammen, wirbelte herum und hätte gern etwas gesagt, doch Ben grinste mich so schelmisch und verkokst an, dass ich nur leise schnaubte.

«Ich dachte, du hasst diesen Club?»

«Ich bin aus anderen Gründen hier», sagte ich, während ich meine Kopfhörer genervt in die Hosentasche stopfte und ein Bier bestellte.

«Ich weiß», meinte er beiläufig. «Pia hat's mir erzählt und gemeint, ich solle mal nach dir schauen.»

Pia und Ben arbeiteten zusammen? Was nicht alles ging, wenn's einem dreckig ging. Wahre Freunde waren das, oder? Jetzt war ich doch beinahe stolz auf die beiden, dass sie ihre persönlichen Differenzen mir zuliebe vergaßen und sowieso, dass sie noch jemanden nach mir schickte. Sie hatte genau gewusst, dass ich nicht vorhatte, nach Hause zu gehen, sondern mich hier allein zu bemitleiden und zu besaufen.

In ungewohnter Fürsorge und nicht ohne sich vorher auf meine Rechnung auch noch ein Bier zu holen, führte Ben mich auf mein Lieblingsplätzchen, das vom Regen aufgeweichte Holz des Palettensofas, zurück, wo ich ihm trotz allem alles nochmals erzählte. Nur für den Fall, dass Pia etwas ausgelassen hatte.

Ich erwartete nach Beendigung meiner Berichterstattung so was wie eine Umarmung oder Beileidsbekundung von ihm. Er nuckelte jedoch nur unschuldig am Bier, mit diesem Error-404-Blick, den er immer hatte, wenn man mit ihm über Gefühle redete. Da fiel mir wieder ein, dass von Ben in dieser Richtung eigentlich nie etwas zu erwarten war.

«Echt scheiße gelaufen», hielt er nüchtern und gleichzeitig verladen fest, während eines seiner Beine einen rasenden Stepptanz vollführte.

«Allerdings.»

«Aber ist doch auch eine Chance.»

Ich schaute ihn an. «Was soll daran eine Chance sein?»

Er ließ den Blick über all die Menschen gleiten, hektisch wie ein Reptil auf Beutesuche wanderten seine Augen von einem verschwitzten Körper zum nächsten. Ben schwitzte nicht, sein Körper kannte die Chemikalie. Aus ihm pressten die Drogen keinen Tropfen Schweiß mehr heraus.

«Duuu!», krächzte er heiser, bevor er dann in einer Uncle-Sam-Pose auf mich zeigte. «Du rettest den Laden, Milo!»

Ich lächelte müde. Er meinte es gut, Milo, ganz bestimmt, er gab sich Mühe.

«Was kann ich schon machen? Dank Pia weiß ich bereits, was ein scheiß Anwalt kostet.»

«Muss ja kein Anwalt sein», schnatterte er überzeugt drauflos. «Vergiss die Mieterhöhung! Ihr braucht einfach Kohle. Ihr müsst euch anpassen und – *hey, was geht?*», grüßte er einen, der vorbeilief. «Ja, muss, danke, danke ... Hängen hier nur ein bisschen herum ...»

«Anpassen?», fragte ich, als der Typ verschwunden war, und Ben wandte sich wieder mir zu.

«Also, ich kenn ja Dave vom Rundum recht gut und der –»

«*Bitte* jetzt nicht Dave.»

«Du hast eine seiner Visitenkarten angenommen!»

«Aus Höflichkeit. Die habe ich Robin gegeben zum Filterbauen.»

«Alter!»

«Ja, sorry, aber von Dave muss ich mir jetzt wirklich nicht –»

« Hör doch zuerst mal zu, bevor du wieder losflennst, du ... »

Na bitte. Ging doch. Da war er wieder. Einige vulgäre Beleidigungen später: « ... Dave macht eine Scheißkohle mit seinem Laden. Glaub mir, ich habe die Zahlen gesehen, eine verdammte Goldgrube ist das. »

Er spuckte in einer rhetorischen Geste auf den Boden.

« Das ist wirklich sehr, sehr schön für Dave. »

« Jetzt tu nicht so », sagte er zuerst beleidigt und dann in drogengepeitschtem Enthusiasmus: « Weißt du was, ich geh ihn fragen, *jetzt,* der zeigt euch sicher gern, wie man Platten verkauft, sodass man Gewinn damit macht. Ihr kriegt's ja nicht auf die Reihe. »

Ich richtete mich auf. « Ach. Das ist ja nett. Dass du den Typen, wegen dem wir keine Platten mehr verkaufen, fragst, ob er uns zeigen kann, warum wir keine Platten mehr verkaufen. »

« Was hast du eigentlich gegen ihn? »

Er war plötzlich überraschend persönlich. Ich wusste nicht einmal, was ich dazu sagen sollte. Man hinterfragte nicht, warum man das Rundum scheiße fand. Man fand es einfach scheiße. Wie Unverpacktläden oder die Polizei.

« Und selbst wenn ... Mara und Pierre würden sich von Dave nichts vorschreiben lassen. Dafür sind die viel zu stolz. »

Ben sog drei Schlucke Bier in sich hinein. « Warum seid ihr so verdammt stolz auf diesen Laden? Ich meine ... Ihr verkauft alte Platten an Assirocker. »

Ich rümpfte die Nase. « Da kommen nicht nur Assirocker. »

Ben hob ergeben die Hände. « Okay, okay. Also mein Angebot steht. Dave ist heute auch hier. Ein Wort von dir und ich gehe ihn holen. »

Er schnippte mit dem Finger.

«Ist gut, im Ernst, danke. Wir brauchen Daves Tipps nicht.»

Ich konnte aus seinem Gesicht nicht ablesen, ob es ihm total wichtig oder total egal war oder ob er zu viel gezogen hatte oder zu wenig, jedenfalls ließ er mich mit seinem Vorschlag in Ruhe und wir saßen eine Weile nebeneinander da, und Ben gaffte Frauen an und grüßte bekannte Clubgänger mit lässigem Handshake, bevor er sich irgendwann wieder mir zuwandte: «Und mit Mara? Wie geht's da jetzt weiter?»

Ich fuhr mir durchs Haar und hätte gleichzeitig lachen und heulen können. «Keine Ahnung. Ich bin komplett verwirrt ... Denkst du, das war eine Abfuhr heute Abend?»

Er schüttelte den Kopf. «Nein. Ich glaube immer noch, dass die was von dir will. Auch wenn du dich ziemlich idiotisch anstellst.»

«Ich stell mich doch nicht –»

«Shhh», säuselte er, «darüber wird nicht diskutiert. Sonst hole ich Dave.»

Ich gab mich geschlagen. Wir quatschten noch über allerlei irrelevantes Zeug, bis Ben irgendwann meinte: «So, mein Freund, jetzt muss der Onkel mal zur Toilette.»

Er zwinkerte blöd. Ich begleitete ihn, weil ich mich in seiner draufgängerischen Gute-Laune-Welt, in der man so tat, als ob es keine Probleme gäbe, gerade sehr gut aufgehoben fühlte.

Wir mussten auf der Toilette lange anstehen. Die Schlange war vollgepackt mit reizbaren Typen in Tanktops auf der Suche nach ein paar Milligramm Glück. Schließlich waren wir endlich dran und gingen in eine der vollgetaggten Kabinen, in der wir eingepfercht wie Pferde im Transporter standen.

«Willstu auch?», fragte er und klopfte das Pulver im Beutelchen zurecht.

«Nein, danke. Aber ... kannst du mir versprechen, dass du Dave nichts von alldem erzählst?»

«Jaja», nuschelte er abwesend, weil jetzt alle Konzentration für sein Fingerspitzengefühl draufging.

«Wie viel Kohle macht der denn eigentlich so?», versuchte ich möglichst beiläufig zu fragen und schaute Ben dabei über die Schulter, wie er mit seiner IKEA-Family-Card eine Line, Marke Falco-Size, zubereitete. Dann zog er, fuhr hoch wie eine Sprungfeder und war wieder voll da: «Aha! Es nimmt dich eben doch wunder, was?»

Ich wich zurück. «Na ja, nur ein bisschen. Du hast ja so herumposaunt, da würde ich schon –»

«Spar's dir.» Er schüttelte energisch den Kopf, schob dann das Baggy zurück in seine Unterhose. «Ich hab's sowieso vergessen. Das müsstest du ihn schon selbst fragen.»

«Dann scheiß drauf.»

Ben päppelte mich noch mit ein paar gut gemeinten Worten auf, was wohl als Ersatz für die verpasste Line gelten sollte. Wieder im Club schob er mich vor sich her auf den Dancefloor, wo er mich wie ein Gratismöbel stehen ließ, selbst wie ein Berserker zur Front Row stürmte und dort wie ein wildes Aufziehmännchen draufloshampelte. Kiki und Pia standen jetzt wieder in meiner Sichtweite. Der nächste Schwall Nebel zensierte die Szene jedoch bald.

Ich irrte zwischen den Leuten umher, machte etwa zwanzig Minuten lang unsinnige Tanzbewegungen und hörte der Musik dann einfach so noch eine Weile zu. Die Luft war so was von draußen, und während die Schallwellen mein Trommelfell bearbeiteten, fasste ich den Entschluss, mich mit einem französischen Abgang davonzustehlen und meine Sorgen zu Hause mit irgendeiner Netflix-Serie abzutöten.

Bevor ich endgültig abzischte, machte ich noch einen letzten Abstecher zur Toilette, um mich mit Wasser volllaufen zu lassen, Anti-Kater-Tipp von Robin, noch aus den Zeiten, als er auch jedes Wochenende ausgegangen war.

Während ich also so unterm Hahn hing und meinen Magen füllte wie einen Wasserballon, hörte ich aus einer der Kabinen verdächtig bekannte Stimmen, die etwas tuschelten, und dann verdächtig lautes Männerlachen. Und ehe ich mich wegducken konnte, sprang die Tür schon auf, als hätte wer Dynamit dahinter gezündet, und alle drei platzten sie aus der kleinen Kabine heraus: Ben, Lucy und – nein! Doch! Fucking Rundum-Dave.

Ich versuchte, Ben mit einem schnellen Blick mitzuteilen, dass er jetzt gefälligst tun sollte, als ob er mich nicht kannte, was er offensichtlich komplett falsch interpretierte, denn er gab mir gleich eine völlig artuntypische herzliche Umarmung. Mit einem « Hier ist er ja » stellte er mich der gesamten Herrentoilette vor wie den wichtigsten Gast einer Talkshow. « Der kleine Bruder mit dem gebrochenen Herzen.»

Doppeldemütigung. Wir waren natürlich keine Brüder, und er war genau genommen nur wenige Tage älter als ich.

Er machte einen Zirkus. Die Typen am Pissoir starrten verlegen auf ihre Schwänze, doch Ben schnippte mit beiden Fingern, als wolle er sich an etwas erinnern, wackelte mit dem Kopf und zeigte dann entschlossen auf mich und dann auf Dave. « Ach ja, ihr zwei kennt euch ja schon!»

« Richtig », lobte ich sein Gedächtnis. Und zu Dave: « Ich habe deine Visitenkarte.»

Dave brummte vergnügt etwas durch seinen lockigen Bart, und ich schaute in diese nordisch blauen Augen. Die Stimmung war jetzt so gelöst, dass Ben vor Freude meinen Kopf unter seinen Arm zu nehmen versuchte. Ganz sicher nicht, Freundchen! Wie ein glitschiger Fisch entwand ich mich seinem Griff und gab ihm eins in die Rippen, sodass er stöhnte und dann blöd grinste.

«Wisst ihr, Milo sitzt gerade in so einem richtigen Loch», erklärte er gut gelaunt seinen beiden Freunden und machte ein Furzgeräusch, um das zu unterstreichen. *Er meinte es nur gut, Milo, ganz sicher.*

«Was ist denn los, Alter?», fragte Dave in seinem cremigen Norddeutsch und sah für einen Moment wirklich berührt aus. Lucy wiederum war noch im richtigen Moment abgezischt.

«Lasst uns das woanders klären», meinte Ben und führte uns endlich aus der Toilette hinaus in eine Ecke des Clubs, wo ausrangierte, knallrote Kinosessel an die Wand montiert waren, auf denen diejenigen, die es ganz an die Wand geklatscht hatte, versuchten klarzukommen, während ihre Augen wirbelten wie durchgedrehte Kompasse.

Ehrlich gesagt stand mir der Sinn heute zum ersten Mal weder nach Mitleid noch nach Lebensberatung, doch Ben platzierte mich mit wohldosierter Kraft in den weichen Sessel und drückte mir einen Drink in die Hand, den er vor ein paar Sekunden mit Sicherheit noch nicht gehabt hatte.

«Muss das sein?», fragte ich eigentlich mehr rhetorisch und musterte den ominösen Mojito.

«Freunde. Helfen. Sich», belehrte mich Ben. «Oder, Dave?»

«Klar, Alter», pflichtete der bei, und von da an übernahm Ben die Show und breitete all mein Versagen vor der Person aus, die mein ökonomischer und ideologischer Erzfeind war. Dabei holte er ordentlich aus; erneut kitzelte er wie ein verdammter Moderator die letzte schäbige Pointe aus meinem Elend heraus, kratzte jedoch immer wieder die Kurve, damit ich nicht wie ein kompletter Loser dastand, mehr wie ein vom Pech verfolgter Vollidiot. Während er erzählte, starrte ich nur geradeaus nach vorn in die tanzende Menge oder rührte im Drink herum. Ich konnte ihre Blicke nicht ertragen.

Als Ben fertig war, schaute ich dann zum ersten Mal ganz vorsichtig zu Dave rüber. Der starrte mich entgeistert an, nein, nicht entgeistert, richtig sentimental starrte er mich an, wie ein dreibeiniges Hündchen im Tierheim.

«Das ist echt hart», meinte er, schüttelte den Kopf, und ich befürchtete einen Moment lang, dass er seinen Arm auf meine Schulter legen wollte. «Also fliegt ihr jetzt voll raus, oder wie?»

Ich zuckte ratlos mit den Schultern und den Augenbrauen und allen anderen Körperteilen.

«Das wäre total scheiße, Mann», dröhnte er gegen die Technomusik an. «Ich find's großartig, was ihr da macht. Ich meine, ihr zieht das einfach durch mit diesem Laden, für die Leute, nicht fürs Geld. Und der Typ, wie heißt er?»

«Pierre.»

«Genau, der macht das ja schon seit Jahren. Das ist voll sein Ding.» Er fasste sich ergriffen ans Herz, und da merkte ich, dass er wohl auch recht besoffen war. «Hier drin. *Leidenschaft!*»

«Ja, kann man so sagen», antwortete ich dankbar. «Ist echt voll sein Ding. Ich meine, den Laden konnte er länger halten als seine Ehe ...»

Wir nahmen beide einen großen Schluck von unseren Mojitos, und ich war froh, wie die Begegnung sich entwickelte. Ich hätte ihm ja eigentlich den Drink ins Gesicht schütten müssen, schließlich warb er uns die Kundschaft ab, aber scheiße, diese treuen, traurigen Augen ... Der meinte es wirklich ernst.

«Mann, Scheiße», sagte er nochmals, als wolle er es mir beweisen. «Kann doch nicht sein.»

Ben saß die ganze Zeit über neben mir und zerbiss krachend Eiswürfel. Als sich das Gespräch erschöpft zu haben schien, sprang er sofort wieder ein, stand schwungvoll von seinem Sessel auf, ging vor uns beiden in die Hocke und schnippte wieder herum wie ein Vollidiot: «Hier kommst du ins Spiel, Dave.»

Daves Blick wechselte überrascht zwischen mir und Ben hin und her.

«Jemand muss unserem Milo hier helfen», machte der hochmotiviert weiter. «Wenn der Laden rausfliegt, dann war's das mit seinem Mädchen.»

Mädchen?

«Also braucht er deine Hilfe, Dave. Sag, was machst du mit dem Rundum an Gewinn?»

«Boah, eigentlich keinen Bock, jetzt übers Geschäft zu reden», brummte der. «Es ist Wochenende, Mann.»

Er fuhr sich einige Male mit der Hand durchs Gesicht, nahm einen großen Schluck vom Mojito, kriegte so seinen Scheiß wieder zusammen, rechnete dann irgendwas vor, das ich nicht verstand, und meinte am Ende was von wegen ein paar Hundert Franken Reingewinn monatlich.

«Bei welcher Miete?»

«Knapp unter 2000.»

«Das ist ja krass. Wir kommen bei 1300 Franken Miete schon nicht über die Runden.»

Ben grinste schief und breitete die Arme schicksalsergeben aus. Wie er mir später erklärte, hatte er in dem Moment zum ersten Mal seit Langem wieder das Gefühl, ein guter Mensch zu sein. Er war auf eine Art begeistert, wie ich sie erst selten bei ihm gesehen hatte, und schwadronierte weiter, dass Dave mir doch zeigen könnte, wie man so einen Laden schmeißt. Dave zuckte unbekümmert mit den Schultern. «Klar ... sicher. Ich helfe euch gern. Komm einfach vorbei, weißt ja, wo ich bin. Montag ist Ruhetag.»

«Das ist echt super lieb von dir», sagte ich und versuchte, die Dankbarkeit hörbar zu machen, wogegen mein Körper sich jedoch sträubte. Dave hatte nicht verstanden, also musste ich es ihm nochmals ins Ohr schreien, woraufhin er höflich lächelte. Wir stießen mit unseren Gläsern auf was auch immer an und führten noch ein oberflächliches Gespräch. Ben hörte uns mit einem halben Ohr zu, schüttelte grinsend den Kopf und meinte immer wieder, dass wir beide spinnen würden, und schließlich reichte es mir trotz all der Liebe, die die beiden an mich abgedrückt hatten. Es war Zeit für *Fool To Cry* von den Stones und eine Ladung Selbstmitleid.

Ben klatschte zur Verabschiedung wieder ab, statt mich wie in der Herrentoilette zu umarmen. Er schien auszunüchtern.

«Bleib stark, Milo. Kommt schon alles gut.»

Dann zwinkerte er mir zu, was ziemlich cool aussah und womit er schon zig vollkommen verschissene Aktionen von sich innerhalb von einer Sekunde entschuldigt hatte, sodass man im Nachhinein nicht mehr wusste, warum man überhaupt wütend auf ihn gewesen war. Dave gab ich plump die Hand, als wären wir Geschäftspartner.

«Komm einfach vorbei», meinte er nochmals, und ich wandte mich ab.

Ich überlegte mir noch, Pia Tschüss zu sagen, sah dann aber, dass sie und Kiki gerade ganz woanders waren, darum ging ich auf schnellstem Weg raus, wobei der Türsteher mich anmachte, ob ich wisse, dass das one-way sei hier. Ich nickte nur und zog mir die Kapuze meiner Jacke über, denn es regnete noch immer oder schon wieder, keine Ahnung, wie lang ich jetzt im Club herumgehangen war, jedenfalls waren die Ohren halb taub von der lauten Musik. Konnte es sein, dass

Dave und ich uns das ganze Gespräch über angeschrien hatten?

Der Regen trommelte wie ein alter Soundeffekt auf die Wellblechdächer der Industriebaracken. Nach kurzer Suche hatte ich mein Fahrrad gefunden, stellte *Fool to Cry* auf Repeat und fuhr los, einmal quer durch die ganze Stadt. Mit dem Aufstieg durchs kalte Treppenhaus und dem Fall ins Bett hatte ich das Lied satte fünf Mal gehört.

Ich schaffte es nicht, zu weinen. Dabei hätte ich es gern getan. Einerseits, weil ich das Gefühl nicht mehr vergessen konnte, das mich überfallen hatte, als sich Mara auf dem Sofa im entscheidenden Moment sachte von mir weggestoßen hatte. Und andererseits wegen der ganzen Mietscheiße und dass ich jetzt vielleicht wirklich bei Dave angekrochen kommen musste, um mich von ihm in die Weisheit des rentablen Plattenverkaufs einweihen zu lassen. Der ganze Abend war einfach grausam absurd gewesen, hätte sich die Tränen also verdient, doch nach der Regenfahrt waren meine Augen der letzte trockene Teil meines Körpers.

Erst die siebte Wiederholung von *Fool to Cry* beruhigte mich wieder und die etwa vierzehnte ließ mich einschlafen.

4

Eigentlich hätten wir ja *The End* bis zum Hörschaden aufdrehen und uns in Agonie über den Boden wälzen sollen. Stattdessen war jedoch richtig gute Stimmung, als ich mich zwei Tage später erstmals wieder im Drittel blicken ließ. Auf dem Plattenteller lief doofer Bee-Gee-Discosound, neugierige Kundschaft fummelte in Kisten herum, Mara checkte mit entspannter Miene Mails und sogar Pierre hatte sich aus seinem Büro-Versteck gewagt und machte, ich konnte es kaum glauben, *Kundenberatung*, kurz: Nichts deutete darauf hin, dass sich hier in den nächsten Jahrzehnten irgendwas ändern würde. Mara zeigte mir nach unserer etwas zu herzlichen Begrüßung (wir wollten das Geschehene offensichtlich überkompensieren) eine neue Ladung Schallplatten, die angekommen war. Als hätten wir es uns leisten können. Wahrscheinlich derselbe psychologische Schachzug wie derjenige von Städten im Mittelalter, die bei einer Belagerung ihre letzten Lebensmittel über die Burgmauern warfen, um den Eindruck zu erwecken, sie hätten noch prallvolle Speisekammern. Jedenfalls hieß es auch bei mir nach nur wenigen Minuten bereits wieder Wolke sieben statt Endzeitstimmung, so warmherzig und begeistert stellte Mara mir ihre neusten Einkäufe vor, und kurz darauf spielten wir auch bereits wieder ihr Lieblingsspiel, das Rockstar-Todesursachen-Quiz, das etwa so ablief:

Ich: «Dennis Wilson, Beach Boys.»

Sie: «Ersoffen bei einem Tauchunfall.»

«Und wann?»

«1983.»

«Richtig. Drogen im Spiel?»

«Äh ... nein?»

«Koks und Valium.»

«Ach.»

«Next. Terry Kath, Chicago.»

«Hat sich selbst erschossen!»

«Und warum?»

«Weil er einem Roadie beweisen wollte, dass seine Waffe nicht geladen ist.»

Ich scrollte auf meinem Handy runter. «Richtig ... Keith Relf, Yardbirds?»

«Ah, warte, ähm ... Elektroschock wegen nicht geerdeter E-Gitarre.»

«Und wann?»

«19 ...75?»

«76. Nächster. Steve Took von T. Rex.»

«Erstickt an einer Cocktailkirsche in den 80ern.»

«Gut. Jeff Porcaro, Toto-Legende.»

«Zu einfach, Milo. Hat sich aus Versehen in seinem Garten beim Pestizid-Sprühen selbst vergiftet.»

«Michael Hutchence, INXS.»

«Beim Wichsen selbst erhängt.»

«Mike Edwards, Electric Light Orchestra.»

«Ah, warte ... Ähm ... Mist. Sag's mir.»

«Von einem Heuballen erschlagen.»

Sie grinste breit. «Ach, wenn's nicht so traurig wäre ... Komm, noch einer!»

«Peter Tosh.»

«Bewaffneter Überfall bei ihm zu Hause.»

Und nebenbei verkaufte sie auch noch Schallplatten. Sie war einfach unglaublich. Hochzufrieden klimperte sie mit den Münzen, die sie gerade von einer Kundin für eine alte Nina-Hagen-Platte bekommen hatte. Jetzt, wo das Spiel vorbei war, merkte ich dann aber doch, dass sich das hier irgendwie falsch anfühlte, meine Güte, es gab Dinge, die sollten nicht totgeschwiegen werden. Und ich war wohl derjenige, der sie ansprechen musste.

«Du, Mara ...», begann ich und versuchte, möglichst beiläufig zu klingen. «Wegen der Geschichte mit dem Brief ...»

Sie schrieb Preise auf Nena-Platten und machte nur ein zerstreutes Mhm-Geräusch

«Ich habe mit Pia gesprochen», machte ich trotzdem weiter. «Sie kennt sich ja aus mit dem ganzen Rechtszeug. Sie meinte, wenn wir Einspruch gegen die Mieterhöhung erheben wollen, was sie uns dringend raten würde, dann bräuchten wir zwingend einen Anwalt.»

Jetzt drehte sie sich zu mir. «Und was kostet so ein Anwalt?», fragte sie. Ich hörte schon am Ton, dass sie die Idee mies fand.

«Dreihundert Franken.»

«Pro?»

«Stunde.»

«Was zum ...»

«Ich weiß. Aber ohne wird's schwer.»

«Und sie kann uns nicht helfen? Sie studiert das doch.»

«Ja, aber noch nicht so lange ... Sie meint, da bräuchten wir jemanden mit Expertise.»

Sie griff sich ein paar Erdnüsschen unbekannten Alters aus dem ekligen Schälchen neben der Kasse und warf sie sich ein. «Das können wir uns nicht leisten», meinte sie jetzt so beiläufig, wie ich vorhin gern geklungen hätte.

«Was meint denn Pierre dazu?»

«Er nimmt's erstaunlich gelassen.»

«Ach so?»

«Der wusste doch, dass das nur noch eine Frage der Zeit war.»

«Also will er nichts dagegen tun?»

«Doch, natürlich.»

«Und was denn?»

Sie zuckte mit den Schultern und holte meine Lieblings-T.-Rex-Platte hervor. Ich war mir nicht sicher, ob sie mich beruhigen wollte.

«Er meinte, er schaut mal», sagte Mara, legte die Platte auf und lächelte mir dann zu. Mach dir keine Sorgen, Milo, sollte das heißen.

Aber Milo machte sich Sorgen. *Was heißt das, er schaut mal,* hätte ich sie gern gefragt. *Er hat ja schon eine Woche gebraucht, um überhaupt den Brief zu öffnen. Wie soll der uns jetzt bitte den Arsch retten?*

Schlussendlich sagte ich nichts. Mara und ich hatten es gerade gut. Wenn ich Pierre jetzt kritisierte, dann bestand eine etwa 83-prozentige Wahrscheinlichkeit, dass sie angepisst war, auch wenn sie sich schon tausendmal über ihn aufgeregt hatte. Wenn ich das tat, war das jedoch etwas anderes. So oder so, der Anwalt war jedenfalls gegessen.

Mara verbrachte die nächsten eineinhalb Stunden damit, mit einem von Pierres älteren Bekanntschaften herumzustreiten, weil der behauptete, Mono-Aufnahmen seien besser als Stereo, was natürlich Schwachsinn war. Mara nahm die Herausforderung jedoch gern an, weil sie den Typen insgeheim ein bisschen scheiße fand und ihm sowohl rhetorisch als auch bildungstechnisch überlegen war und ihn mit ihren Argumenten bis in die Bluesecke zurückdrängte.

Ich beobachtete die beiden, während ich Platten sortierte, und musste schmunzeln, auch wenn mich dabei so ein unwohles Gefühl beschlich: Lohnte es sich, für das hier zu kämpfen? Diesen Laden, den man Pierres Hosentasche nannte, wo ein beträchtlicher Teil der Kundschaft Ü50-Altrocker waren, die eigentlich nur reinkamen, um sich kurz aufzuspielen und uns zu erzählen, wen sie schon alles wie oft live erlebt hatten und dass wir das ja leider, leider nicht mehr könnten, blablabla, weil sie alle zusammen eigentlich genau wussten, dass ihre beste Zeit eben vorbei war und alles, was von ihrer großartigen Jugend übrig geblieben war, ein sagenhafter Stolz auf ein paar undeutliche Erinnerungen an versoffene Konzerte längst verstorbener Musiker war. Ich schielte rüber zu Mara, ihre Hände, die ganz flink wurden, wenn man sie erst mal aus der Reserve gelockt hatte, und stellte mir vor, was aus diesem Laden alles noch hätte werden können, wenn Pierre seine Vormachtstellung endlich aufgab und ihr die Führung überließ.

Nach Feierabend schoben wir unsere Fahrräder durch die Gasse nebeneinanderher. Mara wirkte energiegeladen, nach solchen Diskussionen wie heute glühte sie noch einige Stunden lang nach.

«Kommst du morgen?», fragte sie und lächelte. «Es kommt eine ganz besondere Bestellung an.»

«Echt?»

Sie nickte. «Solltest du nicht verpassen.»

Mir wurde warm.

«Gut, *vielleicht* schau ich vorbei», sagte ich im Scherz. Natürlich würde ich kommen.

«Dann bis morgen», antwortete sie, und wir lachten beide kurz, weil wir diesen Dialog bereits tausendmal so geführt hatten. Es war unser Abschiedsritual.

Als die Gasse in die Innenstadt mündete und sich unsere Wege damit trennten, drückte mich Mara, und zwar wie bereits zur Begrüßung etwas länger als üblich, und sprang auf ihr Fahrrad, fuhr die steile Straße hoch, und ich schaute wie immer dabei zu, wie sie ab dem Crêpes-Geschäft aus dem Sattel steigen musste, weil sie vergaß, vor dem Anstieg zu schalten.

Und genau in dem Moment kapierte ich, dass all diese Momente jede Mühe wert waren, das Drittel zu retten, und dass schon unser allabendlicher Routinedialog tausendmal schwerer wog als all die mühsamen Altrocker und der ganze schäbige Stolz auf die Vergangenheit, der mir so auf die Nerven ging. Und weil meine Würde letzten Samstag von Ben sowieso über den ganzen Clubboden verteilt worden war, kehrte ich, kaum dass Mara verschwunden war, an Ort und Stelle um und fuhr auf meinem Fahrrad die Gasse wieder zurück und durch die Stadt, bis ich vor einem großen, perfekt geputzten Schaufenster stand, auf dem mit hip geschwungener Schrift geschrieben stand: Rundum.

Hier war ich wieder. Die Hölle auf Erden.

Ich atmete tief ein. Diesmal ging es nicht bloß darum, verstohlen von draußen reinzustarren, diesmal ging es um absolut alles, und alles bedeutete in dem Fall, meinen Arsch nach einem ganzen Jahr eisernen Widerstands, blutigen Ringens mit mir und meinen Prinzipien doch noch durch die verdammte Tür zu schieben und Dave, dem offiziellen Erzfeind des Drittels, in die verdammt blauen Augen zu sehen und ihn demütig um Hilfe zu bitten.

Sie hätten mich gelyncht. Pierre und Mara. Alle beide.

Ich haderte noch einen Moment mit mir, starrte blöd von außen rein, schaute zwei tätowierten Heinis mit House-Platten unter den Achseln eine Minute lang zu, wie sie durch dieses Aquarium schwebten, dieses sterile, helle Premiumaquarium ohne Staubkörnchen, ohne Muff, ohne Schallplatten mit abgekauten Ecken. Diejenigen Alben, die keine Neuware waren, wurden in durchsichtigen Plastiksleeves aufbewahrt, auf die wiederum ein kleiner Rundum-Sticker geklebt war. Einer der House-Heinis hatte bereits diesen Rundum-Büddel über der Schulter, den Werbebeutel mit norddeutschem Flair, den Dave zu fast jedem Einkauf gratis mit dazugab, weil er einfach ein verdammt guter Geschäftsmann war. Mara wäre das Kotzen gekommen bei solchen Sachen, aber verdammt, war es nicht höchste Zeit, dass wir uns auch endlich mal was überlegten, um nicht auszusterben?

Die drei Treppenstufen hoch fühlten sich an wie der Aufstieg auf den Schicksalsberg. Möglichst sachte und unauffällig schob ich die Tür auf, doch da bimmelte schon eine beschissene elektronische Türglocke in einem Höllenlärm, dass mich jetzt sofort Daves blaue Augen fixierten und die Heinis kurz zu mir schauten, während sie über irgendeinen Sampler diskutierten. Ich drückte ein Lächeln, Note ungenügend, ab und zwängte mich durch den Spalt. Es lief synthetischer Chillsound, die Heinis wandten sich wieder ihren Wühlereien zu, nur Daves Blick ruhte weiter auf mir. Er musste sich sicher denken, dass ich es ja keine Woche ausgehalten hatte, ohne bei ihm anzukriechen, und ich drehte eine peinliche Runde durch den Laden, als sei ich nicht nur aus einem einzigen, und zwar dem schäbigsten aller Gründe hier.

Zum Glück war Rundum-Dave cool wie immer, bot mir nach meinem überflüssigen Rundgang eine Fritz-Kola an, die er aus einem verglasten Minikühlschrank zog, der neben der Kasse stand und tausendmal schicker aussah als die fettige Schale mit den ranzigen Erdnüssen, die Mara bei uns als Kassendekoration verwendete.

Er drückte mir die Flasche in die Hand und sagte mir mit tiefer, ruhiger Stimme, dass er in einer Viertelstunde schließen würde und er mir dann in Ruhe den ganzen Laden zeigen würde. Ich war dankbar, dass er so diskret vorging, und er meinte, ich könne ja schon mal « ' ne Runde durch den Laden drehn ».

Da ich dieses Manöver vorhin eh miserabel durchgeführt hatte, nahm ich seinen Vorschlag an und drehte diesmal eine *richtige* Runde durch den Laden. Schüchtern wie eine Katze in einer neuen Wohnung schlich ich durch die Gänge, wandte den Kopf dauernd hin und her, von einer Platte zur nächsten, und war es dabei gar nicht gewohnt, auf dermaßen viele unbekannte Cover zu stoßen. Im Drittel oder auf den Flohmärkten kannte ich meistens alle Platten und die entsprechenden Liedtexte gleich noch dazu. Doch hier ... Ominöse Independent Labels, nie gesehene Maxisingles, lokale Kleinauflagen, huiuiui, da hatte sich einer aber ordentlich Mühe gegeben (und nebenbei bemerkt auch nicht gespart, denn die meisten Scheiben waren erst ab dreißig Franken aufwärts zu haben. Dafür bekam man bei uns schon die meisten Originalpressungen der Doors, einfach damit das mal gesagt war).

Die ganze Techno-, House- und Minimal-Abteilung spulte ich relativ zügig ab, denn da wühlten ohnehin die zwei Tätowierten wie Waschbären drin herum, und außerdem hatte ich ja ehrlich gesagt auch wirklich gar keine Ahnung von dem Zeug, also ging ich zu der Abteilung, über der auf einem Schild groß *Rarities Vintage* stand.

Ich näherte mich mit schadenfrohem Grinsen und spürte zum ersten Mal im Rundum so etwas wie Selbstvertrauen. *Hier* trennte sich nämlich die Spreu vom Weizen, oder wie auch immer man das sagte, hier flogen die meisten auf. *Gute* alte Musik, das war die Königsdisziplin. Lokale Labels konnte jeder vertreiben, und gut, wer DJs kannte, der hatte auch ordentliche Tanzmusik, aber bei der alten Musik, da ließ sich nichts vortäuschen, jedenfalls nicht bei mir. Mit zuckenden Fingern stürzte ich mich also auf die Abteilung, die wenigstens einen Teil meiner Ehre wiederherstellen sollte. Schon nach wenigen Sekunden blieb mir jedoch das Maul offen stehen:

Tons of Sobs – Free. Originalpressung, 1968.
Boys Don't Cry – The Cure. Originalpressung, 1979.
The Nightfly – Donald Fagen. Originalpressung, 1982.
Wenn die Nacht am tiefsten ... – Ton Steine Scherben, Originalpressung 1975.

Und sogar ein verdammtes Moondog-Album und noch
Dutzende andere kleine Perlen, ich hätte mir am liebsten drei
der beschissenen Büddel genommen und sie mit Platten vollgestopft. Die überrissenen Preise und mein persönlicher Stolz
hielten mich jedoch zurück, und so stand ich nur da und versuchte, möglichst ausdruckslos die Platten durchzugehen, als
stünde ich im MediaMarkt.

«Darf ich die anhören?», fragte ich Dave schüchtern und
winkte mit *Caravanserai* von Santana.

«Tob dich aus», sagte er an seiner Fritz-Kola nuckelnd,
und ich lief zum Plattenspieler in der Ecke und murmelte ein
leises «Na dann wollen wir mal sehen». Originalpressungen
schön und gut, darunter gab es ja auch viele Blender, die bö-
sesten Überraschungen offenbarten sich immer erst auf dem
Plattenteller. Und meine Güte, was war das für ein Plattenspieler? Ein mattschwarzer Apparat, Marke Pro-Ject. Ich
kannte mich nicht sonderlich gut aus, der schien aber doch
schon in Richtung High-End zu gehen.

Ich versuchte wieder, unbeeindruckt zu bleiben, und dachte nicht an unseren schrottigen Plattenspieler im Drittel, der
noch aus Pierres Zwanzigern stammte und den er sicher
schon zwanzigmal «repariert» hatte, ließ das Vinyl aus dem
Sleeve rutschen und legte es gleich auf den Plattenteller, setzte
mir die gewaltigen Kopfhörer auf, die aussahen, als nähme
man damit direkt Kontakt zu Außerirdischen auf, und ließ
die Scheibe laufen.

Meine. Güte.

Noch nie hatte ein Album so geklungen. Was hatte der
Kerl für Technik, alles Endstufe, State of the Art, ein gewaltiger Verstärker pumpte den Klang satt in die Kopfhörer, die
mindestens einen Zweitausender gekostet haben mussten. Ich
hätte heulen können, so gut war der Sound und so elend das
Gefühl, nie wieder unter diesen Kopfhörern hervorkommen

zu wollen. Das war kein stinknormaler, schicker Plattenladen, das war ein audiophiles Schlaraffenland. Das war die offizielle Bloßstellung des Drittels.

Ich stand da wie eine Salzsäule, ließ mich von Santanas Wüstenkarawane mitziehen und gab es beim dritten Lied auf, mich noch irgendwie vor dem Rundum behaupten zu wollen. Das war's. Hiermit war das Rundum offiziell der beste Schallplattenladen der Stadt. Zeit für einen Kniefall. Ich hätte Dave gern mein imaginäres Abzeichen umgehängt und ihm danach noch eine geschmiert, einfach so, weil er es sich erlaubte, in diese Stadt zu kommen und einen Plattenladen zu eröffnen, der das alteingesessene Drittel einfach so an die Wand klatschte, und dabei auch noch immer so auszusehen, als ob es ihn nicht mal wirklich interessierte.

Etwas tief in mir war gebrochen. Ich hätte mir einen Büddel über den Kopf ziehen und zuschnüren können, ja, natürlich war das Kommerzscheiße hier, aber verdammt, ich verstand all die Menschen, die hierherkamen, um ihren Grafikdesignerlohn zu verballern.

Und plötzlich waren nur noch Dave und ich im Laden.

Er kam von der Kasse herübergeschlurft und fragte so ein unschuldiges «Und?», dass ich ihm am liebsten *Caravanserai* um die Ohren gehauen hätte. Frag doch nicht so!

«Krass», hauchte ich und stoppte das Album. «Das ... Woher hast du all das Zeug?»

Er zuckte mit den Schultern. «Hier und da ... Ist irgendwie zusammengekommen.»

«Der Sound ist heftig.»

Er brummte zustimmend. «Manche bringen ihre Platten von zu Hause mit, um sie hier zu hören.»

«Kostet das was?»

Er lachte. «Schwachsinn. Sollen alle Freude haben an dem Ding, die wollen.»

Immerhin.

«Willst du eine kleine Führung?»

«Warum auch nicht.»

Wir begannen mit dem Allerbesten, den Raritäten.

«Für dich wahrscheinlich das Interessanteste hier», sagte Dave und nuckelte schmunzelnd am Fläschchen, während ich mich schon wieder aufgedreht wie ein junger Hund durch die Platten wühlte, sodass ich mich fast etwas schämte.

«Woher hast du *die?*», fragte ich immer wieder und wieder, mal von einem seltenen Bootleg, dann von einer uralten Originalpressung eines uralten Albums in Unglauben versetzt.

Er nahm seine Snapback vom Kopf, was fast schon eine intime Stimmung erzeugte. «Ach, die kommen auch zusammen. Manche hab ich noch aus Hamburg mitgenommen. Macht sich einfach gut im Geschäft, auch wenn die niemand kauft.»

Er zog wahllos ein Album heraus und drehte es in den Händen, als wüsste er gar nicht, was damit anstellen. «Ich höre diese Sachen ja nicht, also die wenigsten, die stehen eben einfach hier herum und sehen hübsch aus.»

Also eigentlich wie er. Im Rundum ging es durch und durch um Ästhetik.

«Allerdings», gab ich zu. «Und diese Platten kauft echt niemand?»

Er steckte das Album an die falsche Stelle zurück. «Na ja, bei den Preisen.» Er musste kurz lachen, als sei er sich seiner Frechheit bewusst. «Die sind nur da, um Leute anzulocken. Manchmal hänge ich sie auch ins Schaufenster, dann kleben sie immer mit den Nasen am Glas ...»

Er schaute mir direkt in die Augen. Meinte er mich?!

«Aber komm mit», machte er zum Glück gleich weiter. «Ich zeige dir, was hier drin die Kohle macht.»

Er nahm mich mit zur Ecke mit der ganzen Tanzmusik.

«Hörst du Techno?», fragte er.

«Wenn es nicht anders geht.»

Er brummte tief, was wohl heißen sollte, dass er das entweder in Ordnung oder ziemlich beschissen fand. «Die meisten kommen wegen diesen Platten hierher.»

Jetzt zog ich eine beliebige Scheibe heraus und wandte sie genauso ratlos in den Händen wie er zuvor *London Calling*.

«Viele DJs hängen hier herum», erklärte er. «Suchen neues Zeug zum Auflegen, Inspirationen. Also wenn ihr mehr Geld machen wollt» – er tippte auf einen der Kästen –, «mehr von *dem* Zeug!»

Zeug. Genau so hätten Pierre und Mara das auch genannt.

Dave wollte wissen, ob wir Hip-Hop bei uns verkauften, was ich beschämt verneinen musste. Er nickte stumm und wiegte dann den Kopf (im Sinne von *nicht so gut*), und nachdem er mir die dazugehörige Abteilung gezeigt hatte, die deutlich kleiner war als die der elektronischen Musik, zeigte er mir zum Schluss noch die Abteilung seines Ladens, auf die er offensichtlich am stolzesten war, denn er stellte jetzt seine Fritz-Kola auf eine Ablage und griff mit beiden Händen in die Kisten hinein.

«Hier sind die lokalen Künstler», meinte er mit einem erstmaligen Anflug von Emotion in der Stimme. «Die kommen immer mal wieder zu mir und fragen, ob sie ihre Platten bei mir verkaufen können. Finde ich super, ich höre mir gern an, was so läuft in der lokalen Musikszene ... Gutes Zeug dabei ... Hier zum Beispiel, kennst du die?»

«Schon gehört ... vom Namen her.»

«Und die?»

«Nein.»

«Die hier?»

«Mmmh ... Glaube nicht ...»

Er erlöste mich. Was für ein Armutszeugnis. Das traditionsreiche Drittel hatte keine Ahnung, was für Musik in dieser Stadt überhaupt gemacht wurde. Ich nahm eine x-beliebige Platte heraus, um sie zu kaufen und damit zu beweisen, dass wir vom Drittel uns sehr wohl für lokale Bands interessierten.

«Was ist eigentlich das da drüben?», fragte ich Dave zur Ablenkung von meiner peinlichen Unkenntnis und zeigte auf ein hüfthohes Regal, das als einziges einen Hauch Chaos verströmte, als gehörte es nicht zum Rest des Ladens.

«Ach, das», meinte er beinahe verlegen. «Meine Ambient-Ecke. Ist aber nichts –»

Zu spät. Ich wühlte bereits mit hochgekrempelten Ärmeln in den Alben herum, zog Enos Debütalbum, die erste Ambientplatte der Musikgeschichte, heraus, dann *Switched-on Bach* von Wendy Carlos, der Frau, die den Moog-Synthesizer zur Legende gemacht hatte (auch wenn das nicht wirklich in die Ambient-Abteilung gehörte). Ich nickte anerkennend und schaute Dave dann grinsend an.

«Das Zeug ist alles eigentlich mehr für mich», begann er sich zu rechtfertigen, doch ich schnitt ihm das Wort ab und erzählte ihm, dass ich auch großer Fan von Ambientmusik war.

«Wir haben leider auch nicht viel davon bei uns im Drittel», erklärte ich.

Er kam zu mir rüber. «Lohnt sich ja auch nicht», sagte er mit einem Blick auf Klaus Schulzes *Irrlicht.* «Kauft wirklich so gut wie nie jemand. Bin aber ehrlich gesagt fast froh drum.»

«Warum?»

«Die meiste Musik, die ich privat höre, kommt momentan aus dieser Ecke.»

Ich legte den Kopf schief und hörte ihm zu, wie er jetzt von seiner überraschenden Liebe für Ambientmusik erzählte, zuerst schüchtern und dann mit einer Begeisterung, die ich ihm, der ja zu cool für alles war, niemals zugetraut hätte. Rundum-Dave, der große Club- und Draufgänger, der mit Ben und dem Rest seiner Crew Nächte in den düstersten Absteigen durchkokste, war also insgeheim ein Ambientsoftie.

«Also, wenn ihr wirklich mehr Kohle braucht», meinte Dave eilig, als hätte er gespürt, wie sein Image in meinem Kopf zu bröckeln begann, «dann diese drei Dinge. Techno/House. Hip-Hop. Lokale Bands.»

«Das ist alles?»

Er dachte kurz nach. «Habt ihr eine Instapage?»

Ich lachte. «Eine Instapage? Wir haben nicht mal einen Onlineshop ...»

Jetzt lachte er. «Keinen Onlineshop?!»

«Braucht man das?»

«Ich verkaufe mittlerweile richtig ordentlich übers Internet.»

Während er erklärte, ging ich übers Handy auf seine Homepage, die wirklich so aussah, als hätte jemand das Rundum in eine Website verwandelt. Schick und glatt und sauber standen da etliche Platten in Kacheln untereinander aufgereiht, die überzogenen Preise in einer schön unauffällig-lässigen, serifenlosen Schrift daruntergeschrieben.

Ich stellte das Handy ernüchtert aus. «Und das stört dich nicht, wenn wir dir das nachmachen?»

«Nö», meinte er gleichgültig. «Mir rennen die ja so oder so die Bude ein. Außerdem hat jeder Laden heutzutage einen Onlineshop. Merk's dir, baut euer Sortiment um, werdet digitaler, dann läuft's wieder. Werdet dann wahrscheinlich nicht mehr so schnuckelig sein, aber es sind mittlerweile eben andere Zeiten. Nur mit Rock und schnuckelig machst du kein Geld mehr.»

Ich hätte ihn gern korrigiert, dass wir weit mehr als nur Rock zu bieten hatten und unsere sabbernden Altrocker alles andere als schnuckelig waren. Stattdessen bedankte ich mich brav bei ihm für all seine Tipps.

«Klar, Alter. Ich hoffe, ihr kratzt die Kurve.»

Er führte mich zur Kasse. «Weißt du, ich habe mir überlegt, mein Vintage-Sortiment auszubauen», sagte er, während er den Preis für die Platte eintippte.

Vintage. Sortiment. Ich hätte schreien können. *Vintage* war kein verdammtes Genre. Stattdessen hauchte ich ein dünnes «Ach, echt?».

«Ich meine, die Jungen finden das cool, vieles kommt jetzt irgendwie wieder, Disco und so ein Quatsch. Aber das Zeug, das ich jetzt habe, ist einfach zu teuer, drum will ich ein bisschen ausmisten, umbauen, aufstocken, weiß noch nicht so recht. Aber ist nur eine Idee. Da komme ich sonst mal noch auf dich zu, wenn ich deine Hilfe brauche.»

Ich errötete. Der Typ mit dem bestbesuchten Plattenladen der Stadt und der besten Raritätensammlung und der verdammt noch mal besten Soundanlage, die ich in meinem Leben je gehört hatte, fragte nach meiner Hilfe.

«Zwanzig Franken», sagte er und machte jetzt diese Weil-du's-bist-Geste, denn die Platte hätte fünfundzwanzig gekostet, und in dem Moment erfuhr ich die volle Wirkung dieser perfekt einstudierten Gefälligkeit, das Lächeln, das lockere Abwinken mit der Hand, sanft und doch dekadent, als verscheuchte er eine Fruchtfliege. Dazu die wippende Locke, die ihm ins Gesicht fiel – kurz gesagt: Einen ordentlichen Dopaminkick später steckte die Platte in einem Rundum-Büddel, den ich mich nicht traute abzulehnen, auch nicht, als

Dave mir noch einen zweiten über die Theke zuschob. «Und hier noch einen. Für den Chef.»

«Pierre?»

«Genau. Schenk ihm den. Mit Grüßen vom Rundum.»

Damit er mich damit erdrosseln konnte. Ich würgte ein Lächeln hervor, steckte den zweiten Rundum-Büddel in den ersten Rundum-Büddel und bedankte mich noch mal für seine Hilfe. Er zwinkerte mir zum Abschied in der Art zu, wie er es tausendprozentig von Ben gelernt hatte und die eine merkwürdige Wirkung auf jeden hatte, an den das Zwinkern gerichtet war.

Ich stand draußen auf der Straße und kam mir wie ein Idiot vor. Die letzte Euphorie, ausgelöst von Daves Charisma und seinem Endstufe-Premium-Equipment, verebbte und mit diesem holprigen Come-down kamen auch die Zweifel wieder. Dabei hatte ich doch verdammt noch mal das Richtige getan, ich meine, ich war drauf und dran, das Drittel zu retten, und das Wissen, das ich von Dave bekommen hatte, war in diesem Moment der einzige Ausweg, den wir noch hatten. Vielleicht hätten die zwei anderen das nicht verstanden, aber einer von uns musste handeln, und wenn es bedeutete, ins Rundum zu gehen, dann war das eben so, und ich war bereit, es wieder und wieder zu tun.

Sachte öffnete ich die Tür zu meiner WG. Wie immer war ich nicht leise genug, denn Robins Tür sprang sofort auf und er wie ein Schachtelteufel aus seinem Zimmer. Er nahm mich mit einem sehnsüchtigen Seufzen in den Arm, und ich dachte mir eine Millisekunde, dass ich mir manchmal wünschte, dass er nicht andauernd zu Hause wäre.

Er schaute liebevoll an mir herab, dann zupfte er frech an meinem Büddel.

«Na, was ist das denn?!», rief er feierlich. «Warst du endlich im Rundum, oder wie?»

Er grinste, und jetzt lugte Ritas amüsiertes Gesicht aus seinem Zimmer hervor.

«Jaja», sagte ich und schob ihn sachte beiseite. «Kannst wieder runterkommen, war nichts Spezielles.»

«Ich dachte, du *hasst* diesen Laden.»

«Moment, also *hassen* habe ich nie gesagt.»

Er kicherte. «Du hast sogar gesagt, du suchst noch immer nach einem stärkeren Wort dafür.»

Er schaute zu Rita. «Also ich hab's dich auch schon sagen hören», stimmte sie erwartungsgemäß zu.

Ich ließ die Schultern fallen und schmiss die Taschen auf mein Bett. «Von mir aus.»

Robin schaute mich verzeihlich an, als er merkte, dass ich ein bisschen angepisst war.

«Was hast du denn da gemacht?», fragte er und rekelte sich in meinem Türrahmen.

«Ich wollte das Drittel retten.»

«Das Drittel retten?»

Er rieb sich freudig die Hände.

«Ja, letzten Samstag im Club, da hat Ben auf der Toilette herumposaunt, dass wir rausfliegen, und Rundum-Dave war irgendwie auch da, und dann hat Ben uns ungefragt miteinander verbunden, weil Dave angeblich Kohle scheißt mit seinem Laden, und da habe ich gedacht, dass ich jetzt auch mal hingehen und ihn um Hilfe fragen kann.»

«Und? Konnte er dir helfen?»

«Ja, schon. Er meinte, er mache sein Geld vor allem mit Hip-Hop ... Techno und lokalen Bands.»

«Sag ich ja schon lange!», rief Rita aus dem Zimmer hervor. «Nehmt endlich mal mehr lokale Bands bei euch auf.»

«Ich weiß, ich weiß», stimmte ich ergeben zu. «Das liegt alles an Pierre. Der will auch keinen Onlineshop.»

«Und Hip-Hop verkauft der auch nicht», überlegte Robin und sprang plötzlich wieder in sein Zimmer, wo er den Laptop aufmachte. Ich schlurfte ihm hinterher und sah ihm dabei zu, wie er etwas in den Browser tippte.

«Wolltest du nicht Detox machen mit Internet und so?»

«Ja, doch», meinte er knapp. «Aber das ist wichtig.»

Er wandte mir den Bildschirm zu, dieser zeigte die strahlende Website des Rundums. Ich hielt's kaum aus. Auf dem Laptop sah sie noch perfekter aus. Während der Ladezeit verwandelte sich der Cursor in eine kleine, sich drehende Schallplatte, rechts gab es ein Ausklappmenü mit verschiedenen Kategorien und Filtern, tolle Texte, alles zeitgemäß, gendergerecht formuliert und sauteuer. So sah das neue Kleingewerbe aus.

Als hätte es nicht genügt, schaute sich Robin auch noch die Rundum-Instapage an, die eine übertriebene Community von zweitausend Followern hatte, die sich mehrmals die Woche Bilder von tollen Neuheiten und Daves hübschem, gelangweiltem Gesicht reinzogen. Vielleicht ging es beim Rundum viel mehr um Daves Augen als um Schallplatten.

«Warum macht ihr das nicht auch?», fragte Rita in ihrer ziemlich direkten Art, während sie gelangweilt einen von Robins Kraftsteinen in den Händen rollte.

Ich starrte auf den Bildschirm. «Das will ich herausfinden. Ich meine, wenn Dave keinen Scheiß erzählt, dann haben wir hier die Lösungen für *all* unsere Probleme. Richtig?»

Sie schauten sich ratlos an.

«Ich werde mit Mara darüber reden», hielt ich entschlossen fest. «Pierre kann man nicht überzeugen. Aber man kann ihn dazu bringen, Dingen zuzustimmen, die er eigentlich nicht will.»

«Und wie das?», fragte Rita.

«Terror», antwortete ich. «Gnadenlos auf ihn einreden, herumstürmen, jammern, motzen, belagern, bis er irgendwann genug hat und einwilligt. Mara hat das in den letzten zwanzig Jahren perfektioniert. Sie weiß genau, wie sie ihn bearbeiten muss.»

«Oder du nimmst Pierre mal zu unserem nächsten Konzert mit», flötete Rita selbstbewusst, «da wird er seine Meinung zu lokaler Musik schon von selbst ändern.»

«Jaja.»

«Oder komm du wenigstens selbst mal.»

«Jaja.»

«Milo.» Robin schaute mich vorwurfsvoll an.

«Ist ja gut», ergab ich mich, versprach Rita, zu ihrem nächsten Konzert zu kommen, und ging in die Küche, um mir Käsetoasts zu machen. In meinem Rücken spürte ich, wie Robin hinter mir herschlich.

«Und du denkst, das klappt?», fragte er nochmals in Bezug auf meinen Plan, während ich den Sandwichmaker aus dem Küchenregal kramte. Robin machte sich oft noch mehr Sorgen über meine Zukunft als ich selbst.

«Es muss», sagte ich und presste entschlossen die Toasts im Sandwichmaker zusammen. «Es gibt keinen anderen Weg. Anwalt ist kein Thema mehr, viel zu teuer. Bleibt uns also nur noch, uns selbst zu ändern und uns wenigstens *etwas* an das neue Jahrtausend anzupassen.»

«Klingt nach einer großen Sache», antwortete er. Ich nickte nur als Antwort, denn ich wollte jetzt eigentlich nicht mehr darüber reden. Also war da jetzt Stille und nur hin und wieder ein Zischen, wenn geschmolzener Scheibenkäse auf die heiße Grillplatte des Sandwichmakers tropfte.

«Wann ist eigentlich dein großer Tag?», fragte ich ihn, während ich wie hypnotisiert das Wunder der Schmelzsalze beobachtete.

«Welcher große Tag?», fragte Robin, auch auf den Toast fixiert.

«Das Drogenexperiment. Die Psychedelika-Studie.»

«Ah. Noch eine Woche.»

Mein Toast war fertig. «Und? Aufgeregt?»

Er setzte sich jetzt im Lotussitz auf den Stuhl, als hätte er nur auf diese Frage gewartet.

«Ziemlich. Aber die Vorbereitungen laufen gut. Urschreitherapie, Meditation, ich lebe jetzt übrigens rein pflanzlich, also vorläufig. Du kannst den Rest meiner Milch haben.»

«Waaahnsinn.»

Ich lupfte einen imaginären Hut vor ihm, verbeugte mich in Demut und setzte mich ihm gegenüber an den Tisch.

«Ich mache mir übrigens immer noch Vorwürfe», meinte er nach einiger Zeit und fuhr sich energisch durch die Locken. «Wegen deines Absturzes nach Maras Party.»

«Schon okay», sagte ich, auch wenn ich wusste, dass es nichts brachte.

«Du hättest mich gebraucht, und ich habe dich im Stich gelassen ...», machte er wie erwartet weiter. «Habe nur an mich gedacht.»

«Es ist wirklich okay, Robin.»

«Nein, Milo. Wenn wir immer sagen, es ist okay, dann ändert sich das auch nie.»

Da hatte er einen Punkt.

«Schau», seufzte ich, «wärst du bei Maras Fest gewesen, dann hätte ich vielleicht Dave nie kennengelernt und dann würde ich jetzt auch nicht wissen, wie das Drittel noch zu retten ist.»

Schicksal lief immer gut bei ihm. Er überlegte einen Moment, murmelte noch einige Selbstvorwürfe vor sich hin, die jedoch verebbten, als ich ihm den Rücken kehrte, um mir einen neuen Toast zu machen.

Irgendwann war er aus der Küche geschlichen. Ich stand da, kaute auf dem Toast herum, schaute auf unseren Saisonkalender an der Wand und ließ mir durch den Kopf gehen, was in Zukunft alles aus dem Drittel werden könnte. Irgendwann musste auch König Pierre seinen Laden abtreten. Die hatten da sicher mal was abgesprochen, denn Maras gesamte Lebensplanung schien ums Drittel aufgebaut zu sein. Ein Studium schien sie nicht im Geringsten zu interessieren, eine Lehre erst recht nicht, und Pierre machte ihr da auch gar keinen Druck. Das lief im Drittel eigentlich wie auf dem Bauernhof, man wurde bereits als feststehende Nachfolge geboren und musste dann, wenn der Alte nicht mehr konnte, den Betrieb übernehmen.

Ich fand das eigentlich eine ziemlich entspannte Lebensplanung, kein mühsames Studium und einen Job auf Lebenszeit. Außer natürlich, wenn das Drittel rausflog. Dann waren wir beide am Arsch, denn auch ich sicherte meine Lebensgrundlage nebst elterlicher Finanzierung aus meiner Schwarzarbeit im Plattenladen.

Ich sah uns beide für eine Schrecksekunde in roten Shirts in der Schallplattenabteilung bei MediaMarkt Ed-Sheeran-Platten verkaufen, und allein diese schauderhafte Vorstellung genügte für die Schlussfolgerung, dass das Drittel um jeden, aber wirklich jeden Preis gerettet werden musste.

5

Pierre verpasste dem alten iMac eine grobe Ohrfeige. Das Regenbogenrad auf dem Bildschirm drehte sich unbeirrt weiter. Er holte zu einem verbalen Rundumschlag gegen die Gesamtgemeinschaft aller Computer aus und gab dem vor ihm stehenden Exponenten jetzt noch von der anderen Seite her einen Schlag. Ich stand entspannt hinter ihm, überprüfte ein paar alte Schallplatten auf Kratzer und Staub und war froh, dass ich mich seit dem Besuch bei Dave schön gehütet hatte, Pierre mit übermotivierten Vorschlägen zum Onlineshop zuzulabern. Besser die Dinge zum richtigen Zeitpunkt rauslassen, immer schön abwarten und Kratzer zählen. Timing war alles, auch wenn ich mir beim Beobachten von Pierre und seiner schrecklich klischeehaften Abneigung gegenüber so ziemlich allem, was nach der Jahrtausendwende entstanden war, beim besten Willen keinen Moment vorstellen konnte, in welchem es angebracht schien, ihn zu fragen, ob wir nicht einen Onlinehandel aufgleisen wollten.

Ich konnte ihn beruhigen, indem ich eine Platte von Gary Numan auflegte, auf den er aus welchem Grund auch immer total abfuhr.

«Den habe ich mal live gesehen», erzählte er mir stolz und zum bestimmt schon dritten Mal, bevor er sich dann wieder aufregte.

«Krass», sagte ich und merkte, dass ich Pierre unterbewusst recht oft in den Arsch kroch. Ich ließ mir einen Kaffee raus. Während ich in der mysteriösen Glasschale fischte, in welcher bunte Zuckersticks aus verschiedensten Restaurants versammelt waren, und Kaffeerahm in die Tasse rührte, beobachtete ich eine junge Frau, die sich gerade in die Soul-Ecke vertiefte. Sie kam alle paar Wochen mit einem knittrigen Zettel zu uns, auf dem sie ihre neusten Wunschplatten aufgeschrieben hatte, und durchkämmte dann einen halben Tag lang unser Geschäft und fand dabei von uns längst verloren geglaubte Platten wieder.

Es musste wohl am Kaffee gelegen haben, anders konnte ich es mir nicht erklären, dass ich Pierre in einem plötzlichen Anflug von Selbstüberschätzung ganz frech und direkt fragte, warum wir eigentlich keine einzige Platte von lokalen Künstlern in unserem Sortiment hatten.

Er hielt inne, dachte kurz nach oder versuchte, nicht komplett durchzudrehen wegen des kleinen grauen Knubbels auf der Apple-Maus, mit dem man runterscrollen konnte und der viel zu klein für seine großen Hände war.

«Ach, weißt du …», meinte er dann erstaunlich gefasst. «Da kenne ich mich einfach überhaupt nicht mit aus. Gibt ja mittlerweile so viel Musik bei uns in der Stadt.»

«Erinnerst du dich noch an Ritas Band?»

«Rita?»

«Robins Freundin.»

«Und Robin ist …»

«Egal. Ich habe dir doch mal diese Platte gebracht, vor etwa einem halben Jahr vielleicht. Die von einer Band aus der Stadt. Weißt du das noch?»

«Milo, ich höre so viele Platten, da –»

«Da war so ein Kaktus auf dem Cover.»

Sein bisher offen stehender Mund schloss sich. Es kam langsam.

«Doch», meinte er schließlich. «Weiß ich.»

Ich kam jetzt an seine Seite und lehnte mich lässig auf den Tresen. «Die war doch nicht schlecht, oder?»

Er kratzte sich am Bart, was knisterte wie eine alte Schallplatte. «Weiß ich nicht mehr», sagte er demonstrativ gleichgültig.

«Hast du damals gesagt.»

«Was habe ich gesagt?»

«*Überrascht* hat sie dich, hast du gesagt.»

«Positiv oder negativ?»

«Positiv.»

Er stutzte und tat jetzt wieder so, als wüsste er gar nichts, der sture Ochse.

«Ich kenne Rita ja», machte ich weiter und beschloss, keine Rücksicht auf seine kindischen Einlagen zu nehmen. «Die kennt sich ziemlich aus, was musikalisch alles so läuft in der Stadt. Über sie könnten wir problemlos an all die Platten der lokalen Bands herankommen.»

Als er kapierte, dass ich es ernst meinte, und er der Diskussion nicht mehr mit Bartkratzen oder Mail-Checken ausweichen konnte, seufzte er und stieß sich mit dem Bürostuhl vom Tresen weg. Er schaute mich ergeben an, was mich für eine Sekunde erschreckte.

«Du kennst unsere Kundschaft», sagte er. «Die interessieren sich doch nicht für kleine lokale Bands.»

«Warum sollten sie das nicht?»

«Sie sind zu alt dafür», meinte er und ignorierte es, dass die einzige Kundin in unserem Laden noch jünger war als ich. Sie warf einen kurzen Blick über die Schulter, weil sie ihn vermutlich gehört hatte, und schmunzelte.

«Wir brauchen ein breites Sortiment an guter, älterer Musik», erklärte mir Pierre den Laden, als wäre heute mein erster Arbeitstag. «Rock, Blues, Soul –»

«Und wenn wir versuchen, jüngere Menschen anzuziehen?»

Er lächelte, als hätte ich gerade etwas Dummes und äußerst Niedliches gesagt. Dann stand er mit einem unglaublich lauten Räuspern auf, schnipste im Takt zu Gary Numan, um Lässigkeit zu demonstrieren.

«Das kannst du gern versuchen», meinte er und klopfte mir blöd kumpelhaft auf den Rücken. Ich wusste genau, was er damit meinte: Viel Spaß dabei, Milo. Ich helfe dir sicher nicht.

Er haute noch paar Phrasen raus, und mir ging seine Art der gespielten Lässigkeit in dem Moment unglaublich auf die Nerven, auch wenn er mir zum Schluss wohlwollend die Hand auf die Schulter legte. «Wir kratzen schon die Kurve, Milo», sagte er in bewusst väterlichem Ton. «Es gibt immer eine Lösung. Das Drittel gibt es seit bald dreißig Jahren. Wir haben bis jetzt noch immer irgendeinen Ausweg gefunden.»

Ich nickte nur. Ich sagte nichts davon, dass es Pierres frühere Ehefrau gewesen war, die, jedenfalls laut Mara, dem Drittel andauernd den Arsch gerettet und die Verwaltung in Schach gehalten hatte. Außerdem tat Pierre mir in dem Moment auch etwas leid. Der wollte doch auch nur seinen Frieden haben in dem Laden hier, und jetzt kam diese beschissene Kündigung und zwang ihn, grundlegende Dinge völlig neu überdenken zu müssen. Und auch wenn er sich jetzt so lässig benahm und mit Körperkontakt abzulenken versuchte, war ich mir sehr sicher: Sein Stolz und seine Abwehrhaltung waren ihm selbst etwas peinlich.

Und das mit fast sechzig verdammten Jahren.

Ich konnte das Gangnam-Style-Video gerade noch rechtzeitig schließen und den Suchverlauf löschen, als Mara nachmittags in den Laden kam. Sie hatte eine flotte Sonnenbrille auf, schwirrte ihre übliche Runde durchs Geschäft. Danach schmiss sie ihren Rucksack hinter die Kasse und gab mir eine lose Umarmung, bevor sie die George-Benson-Platte stoppte, um aus der 60er-Rock-Abteilung Lou Reeds *Transformer* zu holen.

Spätestens jetzt kapierte ich, dass sie einen *Perfect Day* hatte und die Nadel auch umgehend auf den gleichnamigen dritten Song des Albums ansetzte. Keine Sekunde später jammerte Lou Reed viel zu laut durchs Drittel und Mara ging nach hinten, um Pierre zu begrüßen.

Perfect Day bedeutete bei ihr immer Scheißtag, was nicht hieß, dass sie gleich ein Lou-Reed-mäßiges Arschloch war, sie war einfach deutlich weniger motiviert und, was am schwersten wiegte, sie hatte die Schnauze voll von der ganzen Musik, die ihr andauernd um die Ohren flog.

«So schlimm?», rief ich ihr zu, als sie wieder zurück war. Sie zuckte unentschlossen mit den Schultern. «Eigentlich nicht. Will's nur voll auskosten.»

Mein Versuch, sie mit den Neuigkeiten einer verkauften Isaac-Hayes-Platte aufzuheitern, schlug erwartungsgemäß nicht fehl, sie wischte die fettigen Erdnusshände behelfsmäßig an ihrem Live-Aid-'85-Shirt ab und öffnete eilig einen neuen Tab auf dem iMac. Das Regenbogenrad erschien wieder und sie gab dem Bildschirm eine anspornende Ohrfeige, in der ich ganz genau Pierres Erbgut wiedererkannte.

Während ich sie beobachtete, beschloss ich, das Glück heute noch weiter herauszufordern, und erklärte ihr in feierlichstem Ton, dass ich eine neue Schallplatte mitgebracht hatte.

«*Wie* neu?», wollte sie sofort wissen, und ich glaubte, ein böses Funkeln in ihren Augen zu sehen. «*Eingeschweißt* neu?»

«Ja, *aber*», antwortete ich sofort. «Du wirst es mögen, glaub mir. Und danach rede ich auch den Rest des Tages nicht mehr von Schallplatten.»

Sie drehte sich auf dem Bürostuhl zu mir und verschränkte trotzig die Arme.

«Versprochen!», legte ich nach.

«Na dann, zeig mal», forderte sie mich heraus, und ich flitzte völlig aufgedreht Richtung Hinterzimmer, zerfetzte den Bambusvorhang, der einen wilden Tanz aufführte, und merkte erst jetzt, dass ich Idiot die Schallplatte aus Daves Laden ernsthaft noch im verdammten Rundum-Büddel hierhertransportiert hatte. Da lag er rotzfrech neben meinem Rucksack im Flur und warb im Herzen des Drittels für unseren Erzrivalen. Ich stopfte ihn sofort in eine herumliegende Denner-Tüte, trat diese wiederum in den Müll und betete, dass das reichen würde und Pierre in nächster Zeit nicht im Rahmen eines Buchhaltungsnachmittags wieder alle Mülleimer auf der Suche nach Quittungen auf dem Flur ausleerte.

Verdächtig unschuldig tänzelte ich wieder ins Geschäft zurück und hielt das Album noch hinter meinem Rücken versteckt. Als Maras Blick mich traf, musste sie kurz schmunzeln. «Jetzt zeig schon her.»

Und da zückte ich das Kleinod hervor, und der Rest war Physik, keine Sekunde später drehte Mara das Album in den Händen, studierte Cover, Tracklists und Label nach einer gewohnten Abfolge, doch diesmal tat sie es auf eine ganz besondere Art, mit einer Mischung aus Skepsis und Neugierde. Angespannt beobachtete ich sie dabei, zuerst das verächtliche Zusammenkneifen des Gesichts beim Inspizieren der Klarsichtfolie, dann das skeptische Zucken der Augenlider, das nachdenkliche Tippen der Finger auf den Lippen, die die Songtitel lautlos mitsprachen und sich nach weiteren Untersuchungen schließlich doch zu einem zufriedenen Lächeln formten.

Ich grinste vor Erleichterung.

Mara hüpfte vom Hocker, kam zu mir und klopfte mir anerkennend auf die Schulter (wieder Pierre-DNA), wo sie ihre Hand auch ruhen ließ. «Wo hast du die gefunden?», fragte sie beinahe verdächtigend, und ich schwieg geheimnistuerisch.

Zu meinem Glück schien sie auch gar nicht mehr wissen zu wollen, an manch anderen Tagen hätte sie mich mit Fragen durchlöchert, doch an einem *Perfect Day* nahm sie es glücklicherweise nicht ganz so genau mit Schallplatten. Also nahm sie die Scheibe aus dem Sleeve und stellte Lou aus, um meine Neuanschaffung aufzulegen.

Gleich nach den ersten Gitarrenakkorden drehte sie die Lautstärke anerkennend auf und ließ sich wieder auf den Bürostuhl fallen. Dass die Kundschaft sich erschrocken umdrehte, nahm sie gar nicht mehr wahr.

«Weißt du, was ich mir gedacht habe?», wagte ich den nächsten Schritt meines Plans, weil bisher alles so gut gelaufen war. «Warum verkaufen wir nicht auch mehr Platten von lokalen Bands?»

«*Auch?*», fragte sie. Ihre Augen verengten sich.

«Wie andere Läden», rettete ich mich.

«Aha. Aber du hörst doch selbst keine lokale Musik.»

«Ach was. Ich leg immer wieder gern mal –»

«Nenn mir vier lokale Künstler.»

«Juicy Lemon Club, Laurel Bloom, Lovebugs –»

«Lovebugs? Come on.»

«Moreaux, Malummi, Lost in Lona, Luna Oku, ich kann noch weitermachen, wenn du willst.»

«Du hast die alle auswendig gelernt, richtig?»

Ich lächelte schuldbewusst. «Vielleicht.»

«Und extra eine Platte gekauft?»

Ich nickte eifrig und sie konnte diesen Enthusiasmus nur wortlos anerkennen.

«Irgendwie müssen wir diese vierhundert Franken mehr reinkriegen», spulte ich mein Programm ab. «Und die Musikszene in dieser Stadt lebt! Das zieht Tausende junge Leute an, schau doch mal die ganzen kleinen Festivals in der Gegend, andauernd ausverkauft, alle. Und etliche dieser Bands pressen ihre Musik auch auf Platten. Ein paar davon könnten wir sicher verkaufen.»

«Reicht aber noch nicht», meinte sie gleichermaßen überzeugt wie gelassen.

«Nein, reicht noch nicht. Aber ich bin auch noch nicht fertig.»

Jetzt war sie aber interessiert, und ich glaubte, an der Art, wie sie sich vorlehnte und mich fixierte, zu erkennen, dass sie meine betriebswirtschaftliche Seite ziemlich attraktiv zu finden schien.

«Komm schon», sagte sie und schnippte. «Was hast du noch?»

«Internet!»

«Was, Internet?»

«Onlineshop.»

Sie machte eine riesige Geste. «Weißt du, was das für ein Aufwand ist? Wir kriegen es noch nicht mal hin, dass man bei uns mit Karte zahlen kann.»

Mit so was hatte ich natürlich gerechnet.

«Ach was, ich mach das schon», redete ich lässig drauflos, noch bevor sie einwenden konnte, dass ich allein sicher nicht das ganze verdammte Drittel ins Internet stellen konnte.

Sie schaute mich mit messerscharfem Blick an. «*Du* machst das?»

«Weißt du, wie viel Geld wir damit machen könnten?»

«Das wird sich noch zeigen», murmelte sie und dachte wohl schon über die Idee nach. Sie zuckte mit den Fingern und schrieb wieder irgendwas auf ein Post-it. «Du weißt, dass Pierre alles, was mit Internet zu tun hat, verabscheut?»

«Weiß ich.»

«Aber?»

« Aber ich kenne da jemanden, der Pierre unglaublich gut so lange auf die Nerven gehen kann, bis er aus Erschöpfung auch der allerdümmsten Idee zustimmt.»

Sie konnte sich ein Grinsen nicht verkneifen. « Das stimmt», gab sie zu.

« Es wäre natürlich eine Umstellung», machte ich weiter und musste allmählich wie ein Verkäufer aussehen, so schön aufrecht stand ich da und so präzise war meine Gestik. « Aber wir brauchen die Kohle. Und junge Leute sind nicht mehr pleite wie in den Siebzigern. Die karren mittlerweile auch Geld an von ihren Jobs, das glaubst du nicht, was die verdienen. Und wenn wir die Arschlöcher von der Verwaltung schon nicht verklagen, dann wollen wir uns wenigstens nicht wegen vierhundert Franken rauskicken und durch irgendeinen Pop-up-Store für Naturseifen ersetzen lassen.»

« Naturseifen?» Sie lachte.

« Ja, keine Ahnung», haspelte ich eilig. « Ich kaufe die immer als Weihnachtsgeschenke für meine Eltern. Jedenfalls: Stell dir vor, wir bauen ein lokales Sortiment auf. Das spricht sich herum, die jüngeren Leute kommen, eine neue Generation an Vinyljunkies wächst heran.»

Ich schämte mich beinahe, weil ich dermaßen in Eifer geraten war.

« Du hast dir ja richtig Gedanken gemacht», meinte Mara und scannte mich auf eine merkwürdige Art mit ihren Augen von meinen Schuhen bis zum Gesicht hoch. Ich glaubte, dass sie mich gerade ziemlich cool fand.

« Also lokale Bands und Onlineshop, ja?» Sie holte einen Fresszettel hervor.

« Ich habe noch mehr Ideen», sagte ich, während sie draufloskritzelte. « Aber ja, das waren jetzt mal die ersten beiden. Ich meine, wir können einfach nicht mehr so tun, als hätte die Welt 1985 aufgehört, sich zu drehen. Es wurde auch danach noch Musik gemacht. Ob Pierre das glauben will oder nicht.»

Mara schaute hoch vom Blatt. «Ich glaube, genau das mag Pierre aber am Drittel. Er würde es zwar niemals zugeben, aber er liebt seine alten Säcke. Und sie lieben das Drittel. Hier ist es noch wie früher, als sie noch wussten, was abgeht, als sie noch nicht völlig den musikalischen Anschluss verloren hatten. Onlineshop, frische Bands ... Die haben doch Schiss vor so was. Junge weibliche Popstars, das kennen die doch nicht.»

Ich zuckte mit den Schultern: «Ich glaube, Miley Cyrus ist auch nur eine Art moderne Madonna.»

«Das nimmst du sofort zurück.»

«Ich nehm's zurück. Was ich sagen will, ist: Ich glaube, auch die Älteren gewöhnen sich irgendwann daran. Wir machen ja keine Chartshow hier. Alles nur einen Tick ... *frischer* (Bingo!). Mich nervt es manchmal, dass sich der ganze Laden nach den Bedürfnissen von Altrockern richtet, die hierherkommen, um ihrer Jugend nachzuheulen.»

«Und nicht mal was zahlen», fügte Mara hinzu und lachte dann. «Und uns volllabern. Und Mundgeruch haben.»

«Ich meine, du weißt besser Bescheid über alte Musik als die alle zusammen, wetten wir?»

Je länger wir redeten, umso mehr merkten wir, dass es uns eigentlich anschiss, andauernd so viele alte Leute zu bedienen und so zu tun, als hätte kein Mensch in den letzten zwanzig Jahren mehr ein Instrument in die Hand genommen, um ein Album aufzunehmen. Und während wir zusammen auf dieser Seelenverwandtschaftswelle surften, merkte ich, dass es allerhöchste Zeit gewesen war, diese Diskussion zu führen, und dass ich es schon viel früher hätte tun sollen, weil das Drittel verdammt noch mal bereit war für eine kleine Prise einundzwanzigstes Jahrhundert.

«Denkst du, du schaffst das?», fragte ich Mara und schaute auf ihren Zettel mit den unleserlichen Notizen unseres Gesprächs.

«Onlineshop und lokale Bands», antwortete sie überzeugt. «Das sind unsere Forderungen.»

Sie faltete das Blatt und nickte mir verschworen zu, als plötzlich mein Handy klingelte.

Ich nahm es nichtsahnend aus der Tasche und zuckte zusammen: Es war Dave, der mich hier mitten im Paradies anrief.

Mara sah meinen Blick. «Was ist los?»

«Nichts, niemand», haspelte ich hochverdächtig, ging trotzdem ran und stürzte mit dem Handy am Ohr in den Hinterhof. Am liebsten hätte ich Dave gesagt, dass er mich doch nicht einfach so im Drittel anrufen konnte, bevor mir einfiel, dass Dave weder wusste, dass ich im Drittel war, noch, dass Mara keine Ahnung hatte, dass ich ihm gegenüber etwas anderes als pure Abneigung verspürte.

«Was gibt's?», fragte ich bemüht lässig und drehte mich um, um sicherzugehen, dass Mara mir nicht gefolgt war.

«Nur mal einchecken, was du so treibst.» Seine Stimme klang sogar durch mein altes iPhone tief und voll.

«Bin im Drittel ... am Arbeiten.»

«Ach, sorry, wollte nicht stören.»

«Schon gut. Eh keine Kundschaft hier. Und bei dir so?»

«Stehe auch im Laden herum ...»

Peinliche Stille.

«Du, hör mal», sagte Dave schließlich, «du bist doch der Experte für alte Musik.»

«Na ja», gab ich bescheiden zurück, dabei war ich im Rundum wirklich der verdammte König der «alten Musik», doch Dave machte sowieso unbeirrt weiter: «Ich bräuchte da mal so eine Einschätzung von dir ... Ich will ja auch ein bisschen mein Vintage-Sortiment ausbauen und dachte, du weißt da viel besser Bescheid. Könnten wir uns vielleicht mal austauschen?»

Ich überlegte keine Sekunde. «Klar, wann?»

«Was machst du heute nach Feierabend?»

«Keine Pläne.»

«Komm doch rüber, wenn du willst. Können Bier trinken und ein bisschen quatschen, ja? Kannst auch die Kopfhörer nochmals ausprobieren.»

Ein tiefes Geräusch erklang, das wohl ein verhaltenes Lachen war. Ich biss mir auf die Lippe, trat auf der Stelle und schielte zum Drittel, in dem Mara gerade überglücklich war, dass wir uns so dermaßen einig über die Welt waren. Ich wippte unentschlossen hin und her. Das war doch eine verdammte Lüge, wenn ich jetzt zu Dave rüberkroch, mitten ins Feindeslager, ein Betrug, ein ehrenloser Verrat, den ich –

«Ich komme rüber.»

Scheiße, Milo.

Ich hing auf und raufte mir das Haar, damit ich wieder etwas runterkam. Gut. Einmal ist keinmal, ja? Und das vor ein paar Tagen, das war ja aus Not gewesen, also streng genommen war das heute eigentlich der *erste* freiwillige Besuch bei Dave. Nur ein kleines Gespräch. Er hatte mir ja auch geholfen, da wäre es asozial gewesen, ihm den Gefallen nicht zu erwidern, also streng genommen tat ich das ja nicht mal für mich, sondern fürs Drittel, Geschäftsbeziehungen und so, das musste alles gepflegt werden.

Als ich zurück ins Drittel schlich, wollte Mara sofort wissen, wer mich angerufen hatte, und ich sagte einfach Robin, weil Robin ein Mensch war, der immer mit einem Notfallanruf um die Ecke kommen konnte, weil er beispielsweise gerade wieder mal eine absolute Sensation entdeckt hatte. Wenn ich auf eine Frage mit *Robin* antwortete, reichte das meistens aus.

Ich löschte Dave aus meinen Kontakten, nur für den Fall. Die Nummer hatte ich ja noch. Mara recherchierte irgendwas auf ihrem Handy, um uns herum keine Kundschaft, der Laden wie so oft ein Stillleben.

« So eine Website kostet Geld », murmelte sie in ihr Handy. « Für einen Programmierer und so. Die verdienen Siebzigtausend pro Jahr ... Was gibt das pro Stunde ?»

« Wir brauchen doch keinen Programmierer », meinte ich lässig. « Das kann man mittlerweile selbst machen ... Wie heißt diese Website mit dem blöden Namen ?»

« Wix.»

« Genau. Die haben dort tausende Vorlagen. Da hauen wir einfach eine von denen rein und fertig. Klappt schon.»

Sie warf das Handy auf den Kassentresen neben ihren Drehtabak. « Reinhauen und fertig ?»

Ich hob schwörend meine Hand. « Reinhauen und fertig. Wie in der Werbung.»

Nach Feierabend spielte ich wieder das Spiel des Verräters. Kaum war Mara auf ihrem Fahrrad an der Crêperie vorbeigefahren, sprang ich auf meines und fuhr den ganzen gemeinsam gelaufenen Weg zurück, bis ich vor dem Schaufenster des Rundums stand, in welchem Dave gerade herumhampelte und doch tatsächlich zwei Hip-Hop-Alben durch die Cocteau Twins und Brian Eno ersetzte.

Amüsiert und doch auch mit aufrichtiger Anerkennung schaute ich ihm zu, bevor ich hineinging. Als Dave mich bemerkte, stolperte er mir aus dem Schaufenster entgegen und war für zweieinhalb Sekunden tatsächlich uncool, bevor er seine Snapback hob, die Locken darunter glatt strich und mir dann stilsicher die Hand gab.

Nach dem Austausch einiger Oberflächlichkeiten liefen wir zur Kasse, wo Dave mir eine Fritz aus dem Minikühlschrank reichte. Während er mit dem Flaschenöffner herumhantierte, begann er, leidenschaftlich sein eigenes Sortiment zu kritisieren. Er fand, dass seine Raritätensammlung irgendwie Schwachsinn war: «Saugutes Zeug ist das», regte er sich auf, «und niemand hört es. Weißt du, Milo, als du vor Kurzem hier warst und die Platten durchgegangen bist, da hab ich's kapiert: Vintage lebt!»

Ich hob die Augenbrauen, natürlich, natürlich, Vintage lebt, ja, ja, und nuckelte unschuldig an meiner Flasche. Dave musterte mich nachdenklich einige Sekunden lang, als erwartete er jetzt irgendeine Initiative von mir. Als es bereits so richtig unangenehm geworden war, schoss es plötzlich aus ihm heraus: «Ich brauche deine Hilfe, Milo.»

«Schieß los», sagte ich lässig, um mal so cool wie er zu klingen, und bereute es gleich danach.

«Die Leute feiern das doch eigentlich», rief er in so ungewohnter Leidenschaft, dass ich mich kurz fragte, ob er auf Drogen war. «Alte, gute Musik! Darum will ich mit den Preisen runtergehen bei all diesen Platten. Die müssen doch unter die Leute. Was hältst du davon? Das ist doch eure Philosophie im ...»

«Drittel?»

«Genau. Gute Platten zu guten Preisen.»

Er stützte sich mit den Händen auf dem Tisch ab und stierte mich mit einer Erwartung an, der ich niemals hätte gerecht werden können.

«Finde ich gut», kommentierte ich recht neutral, doch das genügte ihm, denn er klatschte super motiviert in die Hände. «Eben! Ist doch eh zu teuer. Ich kenne mich einfach überhaupt nicht aus mit dem Zeug, außerdem will ich noch ein paar neue Alben reinnehmen und ein paar alte ausmisten.

Und da brauche ich deine Expertise. Du bist der Experte. Was meinst du?»

Ausmisten. Man mistete nicht aus, außer die Platten waren am Arsch.

Ich würde jetzt wirklich gern erzählen, wie ich Dave meine Fritz-Kola eiskalt in die Hand drückte, ihm ruhig und sachlich erklärte, dass ich unbestechlich sei, er seinen scheiß Hipsterladen selbst *ausmisten* könne und die Richtpreise für Schallplatten an einem superpraktischen Ort namens Internet standen.

Leider war meine Flasche jedoch bereits so gut wie leer und das Gefühl, ein verdammter Experte in etwas zu sein, löste ungeahnte Glücksgefühle in mir aus. Noch nie war ich im Drittel der Experte für irgendwas gewesen, im Gegenteil, immer war ich der Ahnungsloseste im Raum, wenn es um Musik ging, der Hilfsarbeiter, dessen Bildungslücken gestopft werden mussten, während Mara und Pierre sich einen Kampf der Titanen darüber lieferten, wer mehr Kataloge und Diskografien auswendig kannte.

Klar, was jetzt kommt, oder?

Ich schlug natürlich in seine Hand ein und bekam ein blitzsauberes Grinsen dafür. Und weil Dave eben doch die Seele eines Geschäftsmannes hatte, schlug er vor, dass wir ja doch gleich jetzt beginnen könnten. Und ich meinte nur, warum auch nicht, und er war plötzlich richtig angefressen, die lässige Gleichgültigkeit wie weggewischt, zum ersten Mal *spürte* ich, dass er so richtig Bock auf seinen blöden Laden hatte. Im Eiltempo rauschte er zur Vintage-Ecke, ich folgte ihm, während er mir schon im Gehen umständlich erklärte, dass er jetzt endlich mehr Fokus auf Vintage legen wollte, Vintage, Vintage, Vintage, ich konnte das Wort nicht mehr hören, und dass ich darin nun mal der Boss sei und er sich voll und ganz auf mein Wort verlassen würde.

Wir hingen in der nächsten Stunde über den Kisten mit den Raritäten und Dave wollte zu jedem Album nicht nur meinen Preisvorschlag, sondern auch meine persönliche Meinung hören. Er sagte, er müsse unbedingt mehr über den «Sound von damals» lernen, und war erstaunt, was ich bereits an Wissen gesammelt hatte. Er hatte eine alte B.B.-King-Scheibe aufgelegt und saß auf einem Hocker. Sein federleichtes Hochglanz-MacBook balancierte er ungeschickt auf dem Schoß, während ich eine Scheibe nach der anderen auf ihren Zustand prüfte, im Licht drehte, auf Kratzer und Flecken untersuchte und ihm den Labelcode sagte, damit er auf Discogs die genaue Pressung und die entsprechenden Preise checken konnte. Wir waren leider ein ziemlich gutes Team, und ich hatte richtig Freude, seine Preisvorschläge mit sachlicher Nüchternheit zu unterbieten, denn Dave schien einer der Menschen zu sein, die Dinge von Natur aus zu hoch bepreisten. Er tat es nicht mal aus Geldgier, es schien wohl einfach ein Charakterzug von ihm zu sein, denn er nahm meine günstigen Preisvorschläge widerstandslos entgegen. Mit jeder Platte wuchs mein Selbstvertrauen, und nach einer halben Stunde sprudelten die Anekdoten nur so aus mir heraus; zu fast jedem Album kam mir irgendwas in den Sinn, was ich mal irgendwo gelesen oder von Mara beigebracht bekommen hatte, und Dave saß da und hörte mir zu und machte in seiner ermutigenden Art immer wieder aufs Neue große blaue Augen.

Erst gegen sechs Uhr machten wir eine Pause und gingen vors Rundum, um eine zu rauchen.

Es war noch immer warm. Dave blinzelte entspannt in die Sonne und ich versuchte krampfhaft, entspannt zu wirken und mir ja nichts anmerken zu lassen, denn dass wir hier auf offener Straße herumstanden, stresste mich extrem. Wenn Mara irgendwie Wind von alldem hier bekam, dann war es vorbei mit uns, mit ihr und mir und mit mir und Dave.

«Wie läuft's eigentlich mit deiner Rettungsaktion im Drittel?», fragte der.

«Ganz gut», sagte ich und rauchte in Spitzengeschwindigkeit meine Zigarette. «Stellen gerade ein lokales Sortiment zusammen. Onlinehandel ziehen wir auch bald auf.»

«Hammer», dröhnte er kräftig. Er stellte sich einige Schritte entfernt vor sein Schaufenster, stemmte die Hände in die Hüften und prüfte das Glas auf Flecken. «Passt doch immer noch gut zu euch, nicht?»

«Jaa ...», überlegte ich, «aber wird sicher noch Diskussionen geben, das alles. Pierre, also der Chef, hasst das ganze Onlinezeug. Der hört Musik nur analog. Und zwar wirklich *nur.*»

«Echt?»

«Ja. Er weiß, dass es digital tausendmal einfacher wäre. Doch er schwört darauf, dass die Musik nur dann speziell bleibt, wenn sie auf Schallplatten ist, die man raussuchen und auflegen muss. Er meint, der Aufwand gehöre eben zur Erfahrung dazu, blablabla ...»

«Ist irgendwie schon was dran ...», nuschelte Dave, während er die Zigarette zwischen die Lippen klemmte, um mit den Hemdsärmeln einen Fettfleck vom Glas zu rubbeln. Dave war keiner dieser Kampfraucher wie Ben, er genoss die Züge und ließ sich vollends von der verdammten Scheibe ablenken, an der er jetzt bereits den halben Körper rieb.

«Ja, irgendwie schon ...», meinte ich. «Aber irgendwann muss man auch einfach akzeptieren, dass sich die Zeiten geändert haben. Wenn du meine ehrliche Meinung willst: Das mit den Platten ist doch vor allem Romantik.»

Er blickte mich über die Schulter an. «Romantik?»

«Das ganze Gerede von wegen ‹Musik soll speziell sein› ... Ich kapiere das auch nicht immer. Ich finde, manchmal tun's doch auch ein paar Apple-Kopfhörer und Spotify.»

Dave nickte geistesabwesend. Erst als die Scheibe sauber war, stemmte er die Hände wieder wie in einer Hornbach-Werbung in die Hüfte, zog an der Zigarette und wandte sich mir zu.

«Und Genres?», fragte er. «Wie sieht's da aus?»

«Ich will noch abwarten ...», gestand ich. «Ich kann nicht alles auf einmal von ihm verlangen. Man muss ihn langsam an Veränderungen gewöhnen.»

Dave hob vieldeutig die Augenbrauen.

«Klar», meinte er. «Ihr müsst aber wissen, dass ein Onlineshop an sich noch nicht viel hergibt ...»

Ich starrte ihn an. «Echt?»

«Ja, Mann, du brauchst die richtige *Musik,* darauf kommt's schlussendlich an. Was bringt dir ein Onlineshop, wenn da kein Zeug drin ist, das die Leute hören wollen?»

Ich lachte. Irgendwie war es widersprüchlich, dass Dave sein «Vintage»-Sortiment ausbauen wollte, während wir unseres verkleinern sollten.

Er schnippte die Zigarette weg, strich sich wieder die Locken unter der Mütze glatt und ging rein. Ich schaute mich noch einmal um und huschte hinterher.

«Heutzutage musst du auch das neue Zeug bringen», erklärte mir Dave im Laden und deutete mit abschätzigem Fingerzeig auf ein Regal voller Chartsoße. «Der Mist da läuft. Ob's uns gefällt oder nicht.»

War er vielleicht doch einer von uns? Einer, der sich auch wider Willen der Macht des Musikmarktes fügen musste?

«Gefällt's dir denn?»

Er rümpfte die Nase. «Keiner, der einen Plattenladen hat, hört diese Musik. Also von allen, die ich kenne, meint jeder, er stelle das Zeug nur wegen der Kohle rein. Für mich ist's in Ordnung so. Muss das ja nicht auflegen. Kann mir den Laden auch nicht nur aus meiner Lieblingsmusik zusammenbauen.»

Er hob unschuldig die Hände und schaute mich mit einem aufmunternden Lächeln an. Und er hatte ja recht. Vielleicht war es genau dieser Geschäftsmann-Spirit, der unserem Laden fehlte, Marketing und all der Scheiß, Verkaufspsychologie, was weiß ich, eben ein Sortiment, das nicht nur nach persönlichem Gutdünken eines fünfzigjährigen Mannes erstellt wurde. Andererseits wusste ich nicht, ob Dave vielleicht nicht unterschätzte, *wie* alt unsere Stammkunden waren. Er war hier umgeben von junger, zarter und hübsch tätowierter Haut, dynamischen, offenen Leuten. Ich glaubte, sogar der gefuchste Dave hätte sich an Pierre und seinen alten, ledrigen Stammgästen die blitzsauberen Zähne ausgebissen.

Wir machten weiter, und ich verschwendete keinen Gedanken mehr daran, dass ich gerade unbezahlte Gratisarbeit fürs Rundum leistete. Im Gegenteil, ich bat Dave sogar um Stift und Papier und kritzelte ihm als Zusatzleistung auch noch in Rekordzeit eine Liste mit Alben hin, die er auf jeden Fall noch in sein Sortiment aufnehmen musste. Er war so dankbar, dass er mich nach einer weiteren Stunde Arbeit einlud, mit in sein Hinterzimmer zu kommen.

Das war definitiv der Ort, in welchem sich das Rundum und das Drittel am nächsten kamen. In Daves Hinterzimmer herrschte nicht mehr der geleckte Designerstyle. Ein halbgezähmtes Durcheinander an Schallplatten, Putzutensilien, alten Regalen und Geschirr ließ gleich Behaglichkeit aufkommen. Auf einem gewaltigen Tisch in der Mitte des Raumes stand ein Synthesizer; was sage ich, nicht irgendein Synthesizer: *der* Synthesizer!

«Ist das ein Prophet?», fragte ich und stürzte mich gleich auf das sperrige Instrument.

«Nur ein Reissue», beschwichtigte Dave, doch ich fummelte bereits wie ein Irrer an den Knöpfen herum.

«Darf ich?», fragte ich, obwohl ich keine Ahnung vom Klavierspielen hatte. Musik hören und Musik *machen* lagen für mich unendlich weit auseinander.

«Warte kurz», meinte Dave, sprang elegant über einen Hocker und stellte hinten in der Ecke einen fetten Verstärker an, der definitiv schon älter war. Er drückte drei Knöpfe und zeigte mir mit einer Geste, dass jetzt alles angerichtet sei, und ich drückte auf die erstbeste Taste und erschrak, denn das Instrument hing an einem Surroundsoundsystem, das mir den Klang mit voller Lautstärke in den Rücken jagte. Nach dem ersten Schreck grinste ich breit.

«Kennst du dich aus?», fragte ich ihn, und er nickte bescheiden.

«Spiel was», forderte ich schamlos, und er winkte nur ab und meinte, vor Leuten mache er das nicht so gern, und da war er wieder, dieser bescheidene, gutmütige Dave, der kleine, weniger selbstsichere Bruder des unantastbaren Clubtoiletten-Daves, der in Anbetracht meiner Begeisterung sogar in leichte Verlegenheit fiel.

Ich traute mich weder, irgendwelche Melodien zu spielen, noch das Gerät auszustellen, also stand ich nur da, schaute auf die schöne Maserung der Holzeinfassung und dann zu Dave, der mir ein Lächeln gab, das mich spüren ließ, dass er genau verstand, wie sehr ich dieses Instrument verehrte, Reissue hin oder her, das war ein Stück Menschheitsgeschichte.

«Woher hast du den?», fragte ich verblüfft und konnte nur hilflos mitansehen, wie mir Dave von Stunde zu Stunde sympathischer wurde.

«Ausverkauf in so einem Hamburger Instrumentengeschäft», meinte er.

«Spielst du oft?»

«Fast jeden Abend. Bisschen herumexperimentieren, für mich allein. Ist aber mehr so eine Entspannungstechnik.»

Ich strich anerkennend über die Tasten. «Echt geil», meinte ich, weil mir nichts Besseres einfiel und weil es eben wirklich geil war. «Ich würde echt gern mal hören, was du so machst. Klangmeditationen. Bin ich total Fan von.»

«Machen wir auf jeden Fall mal», sagte Dave, und es klang wirklich ernst gemeint. Das Drittel war in meinem Leben noch nie weiter weg gewesen als in diesem Moment. Und erst als wir wieder aus dem Hinterzimmer liefen, kam mir in den Sinn, dass ich ja *eigentlich* aus rein geschäftlichen Gründen hier war, und da merkte ich auch, dass ich schon viel zu lange hier im Rundum herumhing, und wollte mich gerade darauf einstellen, ein schönes Schlusswort zu finden, als es plötzlich ans Glas des Schaufensters klopfte.

Wir fuhren herum und sahen Ben, der genervt mit der Faust gegen die Scheibe pochte, hinter ihm Lucy, die ihm für uns unhörbar erklärte, dass er nicht so herumstressen solle.

Dave schaute sich dieses Bild noch zwei Sekunden lang zufrieden an, dann schlenderte er genüsslich zur Tür und suchte in verführerischer Entschleunigung den Schlüssel.

Ben platzte in den Laden, gab Dave einen genervten, wenn auch perfekt eingespielten und deswegen satt klatschenden Handschlag. Erst als sein Blick auf mich fiel, erhellte sich seine Visage zu einem schadenfrohen Grinsen.

«Ach, schau mal an», tönte er fröhlich, und ich gab ihm einen Blick, der ihm deutlich mitteilte, dass er jetzt schön mitspielen sollte. Ben war nicht blöd, und bereits aus seinem überlegenen Grinsen konnte ich ablesen, dass er genau wusste, dass Mara kein Wort von alldem hier erfahren durfte. Er behielt das Grinsen, hielt sonst aber die Klappe, grüßte mich herzhaft und lud einen Sack voll Dosenbier auf dem Kassentresen ab, was Dave, seinem Blick nach zu urteilen, als einen höchst unangemessenen Lagerort empfand. Lucy und ich nickten uns zur Begrüßung wie immer diskret zu, weil wir uns vermutlich beide relativ scheißegal waren, und zwar im besten Sinne. Sie suchte ihren Weg zu Dave und stützte sich mit den Händen auf den Plattenkisten ab, was dieser stillschweigend hinnahm. Erst als Ben eifrig begann, sein Dutzend Bierdosen in den eleganten Minikühlschrank auf dem Kassentresen zu stopfen, intervenierte er.

«Was tust du da?»

«Kühlen», meinte Ben blöd, und ich glaubte, in seiner Stimme bereits einen Anflug erster Trunkenheit zu hören.

«Ich dachte, wir gehen heute woanders trinken?»

Ben lachte. «Warum das denn?», fragte er. «Du hast doch geschrieben, wir treffen uns hier. Um sieben.»

Er schaute auf die Uhr, die ihm recht gab, und dann fragend zu Dave.

«Ja», meinte der. «*Treffen*. Um dann weiterzugehen.»

«Also wenn wir jetzt schon hier sind», meinte Ben und machte weiter. An Daves entnervtem Kopfschütteln merkte ich, dass sie die Diskussion so ähnlich wohl schon öfters gehabt hatten. Er holte zwei Klappstühle aus Holz, die er um die Kasse stellte, sodass nun alle eine Sitzgelegenheit hatten.

«Willst du etwas auflegen?», fragte er mich.

Natürlich wollte ich etwas auflegen und ich ließ mir auch schön Zeit, etwas auszusuchen, denn Ben erzählte den anderen gerade von seinen gestrigen Ausgangsabenteuern und wen er alles getroffen und wer was über wen erzählt hatte. Ich kannte die Namen alle nicht, also zog ich mich zurück und suchte demonstrativ geschäftig nach einem geeigneten Album, sodass niemand mehr Notiz von mir nahm.

There's a Riot Goin' On von Sly & the Family Stone erschien mir cool genug zu sein, denn in Bens Gegenwart traute ich mich nur, coole Musik abzuspielen. Dave warf mir einen kurzen, freundschaftlichen Blick zu, mit dem er meine Wahl anerkennend lobte.

Ich ließ mich auf den Hocker neben dem Plattenspieler fallen, las die Texte mit, um Bens Geläster über Tina, mit der er was hatte, nicht mitanhören zu müssen.

Erst als Lucy ihn endlich mal unterbrach und das Thema wechselte, setzte ich mich zu der Gruppe dazu, und es kamen noch zwei weitere Freundinnen von Dave. Und sie tranken alle eifrig. Dave war definitiv nicht wie vorhin, als er mir seine Ambient-Sammlung gezeigt hatte. Hier vor der Gruppe war er kühler und lässiger, soff und verkniff sich auch ein paar markige Sprüche nicht, zu denen Ben ihn anheizte. Clubtoiletten-Dave. Wenn man ihn so sah, hätte man nicht geglaubt, dass der Typ erfolgreich und allein einen Plattenladen betrieb, und erst recht nicht, dass er sich nach Feierabend an einem Synthesizer sanften Klangmeditationen hingab. Etwas enttäuscht beobachtete ich diese Szenerie, die Musik wurde schlechter und lauter, und bevor hier noch irgendwas gezogen wurde, sagte ich, dass ich mich jetzt leider ausklinken und gehen müsse.

Also verabschiedete ich mich, und Dave zwinkerte mir bei unserem ersten Handschlag zuckersüß zu und sagte noch ein überzeugtes «Bis bald, Milo», das mich gleich wieder blöd grinsen ließ, als sei ich verknallt in ihn.

Das Treppenhaus war kalt und die Wohnung dunkel und still, Robins Tür zu, er selbst schon lang im Nirvana. Ein süßlich rauchiger Geruch zog aus seinem Zimmer.

Ich schlich in die Küche und stellte das viel zu schwache, warme Licht an. Auf dem Tisch stand ein Teller mit Pasta und Soße, darunter klemmte ein abgerissener Zettel: «Für Milo <3». Ach, Robin.

Ich nahm die Schale und fühlte mich ein bisschen schlecht, weil wir früher andauernd zusammen Pasta gegessen hatten und es mittlerweile in solchen Restschälchen mit Liebesgruß geendet war, ein offensichtlicher Beweis dafür, dass Robin mehr in unsere Beziehung investierte als ich und dass es höchste Zeit war, wieder mehr Dinge mit ihm zu unternehmen.

Ich aß im Bett und schaute dazu Musikvideos auf YouTube und legte mich dann hin. Zum Einschlafen stellte ich eines der Ambient-Alben an, die Dave mir empfohlen hatte, und ließ den Abend an die Decke starrend Revue passieren. Auch wenn ich heute gigantische Fortschritte gemacht und Mara sogar für meine Idee mit dem Onlinehandel hatte gewinnen können, fühlte ich mich doch irgendwie unwohl. Ich war aufgeregt und konnte endlos lang nicht einschlafen, weil mich diese eine quälende Frage wach hielt: Konnte man zwei Plattenläden gleichzeitig lieben?

6

Es gab viele Momente, in denen ich Robin liebte, ehrlich, er hatte ein verdammtes Herz aus Plüsch. Wenn er mir ein Pastaschälchen auf den Küchentisch stellte. Wenn er vor dem Schlafengehen in mein Zimmer kam, um mir mit einem Spritzer seines Lavendelsprays eine gute Nacht zu wünschen. Wenn er mir in meinen Momenten des Selbstzweifels vortrug, wie toll ich war. Ich könnte endlos weitermachen. Es gab aber auch die Momente, in denen er mir auf die Nerven ging. Wenn er in aller Herrgottsfrühe seine Urschreitherapie abhalten musste, zum Beispiel. So geschehen am nächsten Morgen nach meinem geheimen Ausflug ins Rundum.

Ich war sofort wach, und als er nach einer Viertelstunde langsam heiser wurde und ich hörte, wie er in die Küche ging, stand ich auf und schlurfte ihm hinterher.

Er fummelte bereits an der Bialetti herum, als ich den Raum betrat, und freute sich erwartungsgemäß riesig, mich zu sehen.

«Fertig herumgeschrien?», fragte ich nett, aber unmissverständlich.

«Habe ich dich geweckt?»

«Mhm.»

«Tschuldigung!» Er stellte die Bialetti leer auf den Herd und begann gleich: «Du musst wissen, ich bin dann manchmal eben voll weg, habe vorhin alles um mich herum vergessen, und es ist eben *essenziell,* dass man alle Hemmungen –»

«Schon gut, schon gut.» Ich stellte Tellerchen auf den Tisch. «Hat es wenigstens etwas gebracht?»

Er hatte natürlich nur auf die Frage gewartet, schwang sich jetzt auf die Küchenablage, dass es rumste, und feuerte eine dreiminütige tiefenpsychologische Reflexion auf mich ab; ein paar neue destruktive Verhaltensmuster, die er entdeckt hatte, und weitere Erkenntnisse.

«He», musste ich ihn unterbrechen, als er während des Vortrags geistesabwesend den Herd anstellte. «Da ist noch kein Wasser drin!»

Er schlug sich gegen die Stirn und füllte den Espressokocher jetzt ordnungsgemäß, denn die Liste der durch ihn verschlissenen Bialettimaschinen, die als Mahnmal am Kühlschrank hing, zählte bereits drei Striche. Und während er den Prozess von Neuem begann, erklärte ich ihm, dass ich ihn auch mit all seinen destruktiven Verhaltensmustern sehr mochte.

«Jaja, schon», ließ er das Lob routiniert abperlen. «Es gibt jedenfalls einiges zu tun.» Und zur Unterstreichung dieses Satzes ließ er ein loderndes Feuer auf dem Gasherd los, und ich schaute ihn selig lächelnd an, weil ich froh war, dass er es nicht zu ernst nahm mit diesem ganzen Selbstfindungs- und Optimierungswahn.

Ich stellte unser Küchenradio an, in der Hoffnung auf einen Zufallstreffer. U2. *I Still Haven't Found What I'm Looking For.* Hm. Passte vielleicht gerade gut zu Robin, der den Kopf sanft im Takt wiegte, während er mit Discounter-Vollmilch und Zucker gerade zwei seiner vermeintlichen Laster auftischte und mir damit deutlich bewies, dass er trotz allen Unternehmungen eben doch noch nicht so weit mit der ganzen Enthaltsamkeit gekommen war.

«Scheiße», stöhnte ich, als ich merkte, dass unser Brot alt und hart war. «Ich gehe kurz zum Inder.»

«Na, na», sang er, «das kann man noch retten.»

«Und wie?»

Er zupfte mir das Brot aus der Hand, machte Küchenpapier nass, wickelte das Brot darin ein und schmiss dieses triefende Paket in die Mikrowelle. Ich bewunderte seinen fortschrittlichen Geist und verkniff mir jegliche Kritik.

«Ich finde, wir sollten mehr zusammen unternehmen», sagte ich stattdessen. Wie ein neugieriges Kind starrte Robin durch das Fenster der Mikrowelle und spielte den Ungläubigen. «Du? Mehr mit ... mit mir?»

«Ja, komm jetzt, ich meine es ernst. Ich weiß, ich war wenig zu Hause in letzter Zeit, es war nur ... viel los und das mit dem Drittel und Mara ... und dem Rundum.»

Er nickte verständnisvoll. «Und hat's was gebracht?»

«Wir machen eine Website fürs Drittel. Onlineshop.»

«Jawohl!», grölte er. «Komm her.»

Er gab mir einen High five, weil er die liebte und ich eigentlich auch, und er lachte und schüttelte den Kopf. «Wie lang hast du das jetzt schon versucht?»

«Sicher ein Dreivierteljahr.»

Er stellte die Mikrowelle auf null, holte das Brot heraus, verbrannte sich erwartungsgemäß die Hände daran, warf es keuchend auf den Tisch und schaute mich dann zufrieden an. «Also wirst du von jetzt an öfter zu Hause sein?»

Ich wiegte den Kopf. «Kann's echt nicht sagen. Aber ich habe mir vorgenommen, mir mehr Zeit für uns zu nehmen; Weltalldokus schauen, Massagerunde, dieses komische esoterische Kartenspiel müssen wir auch mal noch beenden.»

Wir setzten uns an den Tisch und ich beschmierte den feuchten, heißen, dampfenden Teig mit Honig.

«Sag mal, wann ist noch mal dein Termin?», fragte ich ihn, während er sich jetzt auch noch den Mund verbrannte.

«Morgen ist mein Termin», sagte er nach einem kühlenden Schluck Vollmilch.

«Hä, echt, morgen schon?»

«Mhm ... Ich dachte, vielleicht wollen wir heute Abend was zusammen machen ... Rita kommt auch vorbei.»

Eigentlich hatte ich ja vor, abends ins Rundum zu gehen, weil ich Dave noch zwanzig Ergänzungen auf seine Schallplattenliste schreiben wollte, die mir heute früh während Robins Schreitherapie in den Sinn gekommen waren, und danach im Drittel mit Mara die ersten Schallplatten auszusuchen, die wir dann auf unseren –

«Klar», sagte ich freundlich und lächelte, «ich komme gern.»

«Sehr schön. Ich koche uns was.»

«Ach was», sagte ich. «Spar dir doch die Mühe. Nimm einfach die hier.» Mit diesen Worten warf ich eines der nassen Brotstücke nach ihm. Er wich aus und schnappte sich auch welche, ein kurzes, offenes Gefecht entstand, bis alle Brotstücke an verschiedenen Orten in der Küche lagen.

«Ich muss noch etwas erledigen», meinte Robin schließlich und rannte davon, um mir das Putzen zu überlassen. «Sehen wir uns heute Abend?»

Ich versprach es ihm mit allen Handschwüren, die mir in den Sinn kamen.

Pia und Kiki waren sich ihrem beidseitigen Kopfschütteln nach einig.

«Milo, du kannst nicht ein zweites Rundum aus dem Drittel machen», wiederholte Pia, was das ganze Café bereits mehrfach gehört hatte.

«Ich will es ja nicht *exakt* gleich machen», wehrte ich mich händefuchtelnd. «Der Punkt ist der: Wenn wir so weitermachen wie bis jetzt, dann fliegen wir garantiert raus.»

Diese ganze Aufwertungsgeschichte kam gar nicht gut bei ihnen an, jedenfalls nannten sie es Aufwertung. Oder Kommerzialisierung, Gentrifizierung, die Begriffe flogen mir nur so um die Ohren.

«Ich find's ja auch scheiße, wie's ist», gestand ich und fragte mich erstens, warum Kiki bei diesem Gespräch dabei sein musste, und zweitens, warum ich überhaupt mit dem Drittel angefangen hatte, wo doch klar war, dass ich mit diesem Thema bei ihnen keine Beglückwünschungen abholen konnte. «Aber wir können uns diesen Idealismus nicht mehr leisten. Diese Zeiten sind vorbei. Sie waren es eigentlich schon lange. Außerdem: Wenn wir rausfliegen, dann kommt vielleicht ein noch schlimmerer Laden rein, ein Body Shop oder Vom Fass, was weiß ich.»

Gutes Argument, fand ich. Fanden sie auch. Aber trotzdem, dass «wir» (also ich) jetzt auch hip und hochwertig werden wollten, konnten sie nicht hinnehmen. Sie mochten alte, muffige Läden, wo noch selbstbestimmt und frei von den ganzen Marktzwängen verkauft wurde. Mochte ich ja auch. Aber wenn's darum ging, entweder ... marktfähiger (igitt) zu werden oder rauszufliegen, dann war der Fall für mich klar.

«Ihr kennt euch doch gar nicht aus mit Techno», meinte Kiki kritisch. «Ist doch unauthentisch.»

«Was jetzt, ich habe das Zeug doch schon tausendmal gehört.»

«Kennst du einen DJ beim Namen?», fragte Pia und grinste.

«Da fuchse ich mich schon rein.»

«Mal eben?»

«Ja», sagte ich überzeugt und glaubte es selbst nicht. Natürlich hatten sie recht, natürlich war das nicht mehr das Drittel, wie es alle kannten und liebten, der Ort, an dem die Zeit stehen geblieben war, und natürlich würde ich in absehbarer Zeit nie und nimmer auch nur einen blassen Schimmer von Hip-Hop-Musik haben. Aber ...

«Meine Güte, man muss sich eben arrangieren, wenn's ums Überleben geht.»

Sie boten mir an, Soli-Events fürs Drittel zu organisieren. Aber ich wollte etwas Nachhaltiges, wir konnten uns nicht nur durch Partys finanzieren.

«Die ganze Szene macht das», lachte Kiki. «Und zwar schon seit Jahrzehnten.»

«Ich glaube, du hast ihn nicht überzeugt», meinte Pia und grinste auch. «Ihr müsst denen in den Arsch treten, Milo», zischte sie aufwieglerisch.

«Das ist jetzt eine unqualifizierte Aussage für eine Juristin», entgegnete ich, und ihr Blick stellte klar, dass sie nicht gern Juristin genannt wurde.

«Also schleimt ihr euch jetzt bei Hipstern ein?», fragte Kiki scharf. «Bei *Young Urban Professionals?*»

Ich verwarf die Hände. «Ich weiß es doch auch nicht. Schaut, ich habe wirklich keine Ahnung, wo das hingeht, aber das Drittel ist mein ganzer Lebensinhalt. Ich kann das nicht einfach so verlieren.»

«Dann *wehrt* euch», meinte Pia ermutigend.

«Pierre will nicht ... Er hat keinen Bock auf die ganze Rechtsscheiße mit der Verwaltung.»

Pia schlug sich die Hand ins Gesicht. «Weiß er, dass das der einzige Weg ist, zu überleben?»

«Ja, oder eben, wir –»

«Wann läuft die Einsprachefrist ab?»

«In ein paar Tagen.»

«Und er tut wirklich nichts? Er lässt das einfach so mit sich machen?»

«Er erträgt es mit Stolz. Wie ein Mann», meinte Kiki sarkastisch und entwaffnete mich. Die beiden waren ein eingeschweißtes, ideologisch strammes Team, angefeuert von hochdosiertem Mate-Tee; keine Chance für mich, auch wenn ich fest daran glaubte, dass es richtiger war, sich anzupassen, als einfach das Feld zu räumen.

Unsere Diskussion führte zu nichts mehr. Sie konnten meine Haltung zwar absolut nachvollziehen, fanden aber, dass wir vor der Verwaltung kuschten und gefälligst rebellieren sollten.

Als Kiki schließlich gehen musste und bald darauf auch Pia Anstalten machte, abzuhauen, wackelte ich mit dem Zeigefinger à la «Jetzt bist du dran», lehnte mich zurück und lächelte.

Sie ließ die Schultern fallen. «Muss das sein?»

Ich hob die Hände. «Nur wenn du willst. Mich würd's jedenfalls interessieren, was da jetzt zwischen euch läuft.»

Sie druckste herum, trank den letzten nicht vorhandenen Schluck aus der Mateflasche und teilte mir dann mit, dass sie selbst auch keine Ahnung hätte, was das jetzt zwischen Kiki und ihr sei. Zur Verabschiedung hatten sie sich jedenfalls wieder nur umarmt wie in guter alter Freundschaft.

«Ich meine, stell dir vor, du und Robin hättet jetzt plötzlich etwas miteinander.»

«Das würde mich sehr verwirren.»

«So», meinte sie zufrieden. «Und genau so geht's mir jetzt gerade. Ich habe keine Ahnung, wie's weitergeht.»

«Mach dir keinen Stress. Mara und ich haben das, was an ihrem Geburtstag passiert ist, auch einfach unter den Teppich gekehrt.»

Pia beäugte mich skeptisch. «Und das funktioniert?»

«Das funktioniert hervorragend», antwortete ich etwas übereifrig. «Habt ihr denn darüber geredet?»

«Ein bisschen …», murmelte sie und übertrieb ihrer Stimme nach zu urteilen wahrscheinlich sogar damit. «Das ist gerade einfach ein ungünstiger Zeitpunkt, ich muss total viel fürs Studium machen und Arbeit und Politikzeug und das mit Kiki braucht einfach so viel … Platz, wenn ich dem den Raum geben will.»

«Willst du?»

Sie stellte mimisch dar, dass sie keinen blassen Schimmer hatte und dass es besser war, es jetzt bei dem zu belassen. Pia kümmerte sich am liebsten allein um ihre Probleme.

Wir verabschiedeten uns in einer gewissermaßen beidseitigen Melancholie voneinander und versicherten uns, füreinander da zu sein, und wussten beide, dass sie wahrscheinlich nie und ich sehr bald wieder auf dieses Versprechen zurückkommen würde. Zum Schluss fragte ich sie nach einem guten Album, das ich zur Aufmunterung hören könnte, und kurz darauf dröhnte das Album *On* von Altin Gün, einer türkischen Band mit einer modernen Umsetzung von psychedelischem Funkrock, in meinen Ohren. Die Musik pushte mich, so richtig happy wurde ich aber erst, als auf meinem Handy eine Nachricht von Mara erschien: *Terror hat geklappt!*

Und mehr brauchte sie nicht zu schreiben, das war der Startschuss, auf den ich gewartet hatte. Ich überlegte mir, sofort zu ihr ins Drittel zu gehen, um das mit einer lila Fantadose zu feiern, fuhr dann aber doch nach Hause, um die gesamte Broadcast-Diskografie durchzuhören und dazu auf Wix.com einen Prototypen für die neue Website zu designen; www.drittel.ch war sogar noch frei, was für ein Glückstag, gekauft, spendiert, gern geschehen, und so begann ich daran herumzubasteln.

Ich kam ordentlich vorwärts und nachmittags stürmte ich mit meinem Laptop und einer lila Fanta, die ich im Lolipop gekauft hatte, ins Drittel. Es lief gerade das irrsinnige *I Put a Spell on You* von Screamin' Jay Hawkins und Mara war in einer für ihre Verhältnisse aufgedrehten Stimmung, ging sofort auf die lila Fanta ab, und während sie die Dose öffnete, wischte ich mit dem Arm Drehtabak, Quittungen und Stifte auf der Kasse zur Seite, stellte meinen Laptop auf, loggte mich im Turbomodus ins Schnecken-WLAN des Drittels ein, musste endlos lange warten und grinste Mara derweil vorfreudig an.

Sie nutzte die Wartezeit, um einen Typen zu bedienen, der nur Englisch mit starkem französischem Akzent sprach. Er kam ab und zu ins Drittel, hatte immer Sonnenbrille und Laptoptasche dabei, trug so ein übergroßes, in die Jeans gestopftes 90er-Hemd und Pferdeschwanz. Er deutete immer wieder in rätselhaften Sätzen an, dass er ein Producer sei und zu uns komme, um ein paar Scheiben aus unserer Soul- und der mageren Jazz-Abteilung zu kaufen und daraus Samples für Songs zu machen. Wir wussten nicht, wer er war, ob er wirklich Producer war, ob er vielleicht sogar so richtig Erfolg hatte, jedenfalls war er einer der wenigen Menschen, die Jazzplatten bei uns kauften, und deswegen ein offizieller Lieblingskunde. Außerdem ließ er gern Unsummen bei uns liegen. Nachdem er auch heute wieder für hundertfünfzig Franken bei uns eingekauft hatte, kam Mara zu mir, rieb sich die Hände, wie man das nach einem guten Geschäft tat, und schaute dann auf meinen Bildschirm, wo die Website endlich geladen hatte.

Sie staunte nicht schlecht.

«Ein bisschen clean, ansonsten hammer», meinte sie, scrollte herum und zerdrückte ihre Fantadose unter dem Tisch. «Hast du das alles heute gemacht?»

Ich lehnte mich zufrieden auf dem Bürostuhl zurück.

«Mhm. Und neue Platten hochzuladen ist super easy. Musst nur da klicken und dann kannst du alles eintragen.»

Sie schaute mich an und ihre Augen funkelten förmlich.

«Also legen wir los?»

Die Antwort wartete sie gar nicht erst ab, denn natürlich legten wir los, und sie griff sich einen großen Stapel aus der 70er-Funk-Abteilung, nur knapp weniger, als ihr überhaupt zu tragen möglich war, und lud ihn mit einem lauten Rumms neben meinem Laptop ab.

« Ist eh Zeit, dass wir den ganzen Scheiß mal durchgehen », sagte sie, während ich vom Staub einen scheußlichen Hustenanfall bekam. « Ich glaube, mit manchen Preisen können wir mittlerweile echt hochgehen, hier, Bootsy Collins' *Ultra Wave* für fünfzehn Franken, mit der können wir sicher auf zwanzig hoch. »

Sie drückte mir die Platten laufend in die Hand (ich starb fast vor Husten) und ich nahm die Alben entgegen und legte sie wieder hin.

« Wow, wow », bremste ich sie schließlich. « Wollen wir nicht ein ... System entwickeln, nach dem wir das ganze Sortiment durchgehen? »

« Na gut », meinte sie. « Dann beginnen wir doch am besten mit ... diesem Stapel hier. »

Sie grinste entwaffnend, schob mir das wackelnde Gebilde zu und ich konnte nichts entgegnen. So einfach konnte es gehen. Wir legten gleich eine der Platten auf, und während ich wie ein Wahnsinniger die Titel eintrug, stürzte sie sich in den Kampf gegen Mittelmäßiges und Durchschnittliches, das sie fein säuberlich von den Platten trennte, die wir unbedingt in den Shop aufnehmen sollten, jedenfalls ihrer Meinung nach. So oft es ging, schielte ich zu ihr rüber, um ihren Auswahlprozess mitzuverfolgen, und kam nicht darum herum, bei gewissen Entscheidungen zu protestieren, was immer längere Diskussionen nach sich zog und meistens darin endete, dass ich mich nach fachkennerischen Vorträgen ihrerseits geschlagen gab. Der Grund war meistens, dass die Pressung an sich nichts wert war, wovon sie deutlich mehr Ahnung hatte als ich, und ihrer Meinung nach war eine lausige Pressung eines großartigen Albums nur Füllmaterial für Plattenkisten.

Wir waren stundenlang in unserem Element und es herrschte im Drittel ein Arbeitseifer, wie er noch nie zuvor gesehen worden war. Maras infernalisches Chaos, zu dem sie die Schallplatten verschiedenster Stilrichtungen und Jahrzehnte auftürmte, schreckte jegliche potenzielle Kundschaft ab, die nach dem schüchternen Öffnen der Tür und einem erschrockenen Blick einen sofortigen Rückzieher machte. Somit war es auch nicht tragisch, dass wir den offiziellen Ladenschluss um halb fünf völlig vergaßen. Die Tür abzuschließen war bei so wenig Kundschaft ohnehin mehr eine Formalität.

Schließlich schlossen wir uns ein und arbeiteten einen babylonischen Plattenturm nach dem anderen ab, hörten dazu *T. Rex* der gleichnamigen Band und suhlten uns in diesem Weltschmerz unzufriedener Frühzwanziger, der uns zusammen mit dem bitteren Instantkaffee noch weiter anfeuerte. Dass es vielleicht klüger war, erst mal die bekannteren Alben in Angriff zu nehmen, fiel Mara nach mehreren Stunden Arbeit ein, woraufhin wir das Vorgehen radikal änderten und sie als Vinylkoryphäe und Dauerverkäuferin des Monats mit konzentriert verengten Augen die fragmentarischen Reste der Genreabteilungen nach den bekanntesten Alben abscannte und eilig einen Klassiker nach dem anderen rausfischte. Danach mischte sie noch einige Perlen und Geheimtipps darunter. Überflüssig zu erwähnen, dass meine Ohren glühten, so angeregt war ich davon, zu sehen, wie instinktiv und routiniert Mara in dieser Aufbruchstimmung agierte. Dass wir hier beide gerade mit Leibeskräften ums nackte Überleben des Ladens kämpften, war eine Tatsache, die ich irgendwann genauso vergaß wie das vereinbarte Treffen mit Robin.

Ein leises Schimpfwort entwischte mir, als ich merkte, dass ich jetzt schon zu spät war.

«Robin hat morgen seinen Trip», erklärte ich, während ich weiter Zahlen in den Laptop hämmerte. «Ist ein Riesentag für ihn. Darum macht er heute so einen ... Abschlussabend sozusagen, Essen mit Rita und mir. Um den alten Robin zu verabschieden, hat er gesagt.»

«Klingt ernst.»

«Ja. Wir haben uns heute Morgen vorgenommen, wieder mehr miteinander zu unternehmen. Ich habe ihn ein bisschen aus den Augen verloren.»

Sie begutachtete *Revolver* von den Beatles. «Er ist doch immer zu Hause, oder?»

«Er schon, aber ich nicht.»

«Wo treibst du dich denn herum? Und was meinst du, wollen wir gleich alles von den Beatles hochladen?»

«Hier und da treibe ich mich herum. Und ich würde *Help* und das Debüt weglassen.»

«Debüt ist eh verkauft. *Hier und da.* Klingt ja ganz verdächtig.»

«Gut, dann lassen wir *Help* draußen. Ich treffe oft Pia. Oder Ben und so.»

«Aber *Let It Be* willst du reinnehmen?»

«Kein schlechtes Album.»

«Da haben die nur noch gestritten.»

«Dann müssten wir alle Pink-Floyd-Alben auch wieder rausnehmen.»

«Ja, aber komm, war ja ihr letztes.»

«Dann können wir ja noch hundert andere Alben nehmen. Ist doch keine Logik.»

Und so bahnte sich wieder eine Diskussion an, die ich schmerzerfüllt abwürgen und damit Mara den Sieg überlassen musste. Im Hürdenlauf durchs Drittel rief ich ihr noch zu, dass ich in eineinhalb Stunden zurück sei.

«Bringst du was zu essen mit?»

Ich hielt inne, die Türklinke bereits in der Hand.

«Was willst du denn?»

« Keine Ahnung.»

« Keine Ahnung heißt Dönerladen.»

Sie rümpfte die Nase. « Das tropft.»

« Dann nimm die Bee Gees als Unterlage.»

Sie wandte sich unbeeindruckt wieder ihrer Arbeit im Sumpf des Frühsiebzigerblues zu. Ich lachte allein und stahl mich aus dem Laden heraus.

Als ich mit gerade noch sympathischer Verspätung in unsere Küche kam, traute ich meinen Augen kaum: Ein gewaltiges Bankett erstreckte sich vor mir, der abgewetzte Schreinertisch war überladen mit Schalen und Tellerchen voll Soßen und gegrilltem Gemüse, Pitabrot, gefüllten Weinblättern, Falafel und Zeug, das ich noch nie gesehen hatte. Ich sah mich verstohlen um und wollte gleich die ersten Verköstigungen vornehmen, als Robin wild keuchend und mit zwei gigantischen Topflappen an den Händen aus seinem Zimmer gestürzt kam. Er warf sich auf den Boden und riss die Tür des Backofens auf, aus der er zwei schwarze, undefinierbare Körper holte.

« Auberginen», schnaubte er und nahm damit jegliche Frage vorweg.

« Ui», kommentierte ich höflich.

« Keine Angst, die müssen so sein», dröhnte er mit einem hochroten Kopf, der das Gegenteil vermuten ließ.

« Du hast dich ja echt ins Zeug gelegt», sagte ich und beobachtete, wie er nun in übereiligen Handgriffen ein Auberginenmus zubereitete. « Sieht ja aus wie ein letztes Abendmahl. Ich wusste gar nicht, dass wir Kerzen haben ...»

Er schaute mich kurz erschrocken an. Christliche Symboliken wirbelten ihn immer total auf. Um mein Erstaunen noch zu verstärken, holte er zwei kleine Plastikdöschen Fertighummus aus dem Kühlschrank und warf sie mir flott zu.

«Hier», meinte er.

«Aber du hast doch eine Riesenschüssel davon selbst gemacht?»

«Ich kenne dich, Milo.»

Er lächelte gutmütig und klopfte mir mit der rechten Hand, an der noch immer ein mit Auberginenschleim beschmierter Topflappen steckte, auf den Rücken. Ich hätte heulen können vor Rührung.

Robin rührte weiter, ich wischte das Auberginenzeug von meinem Shirt, und als wir beide fertig waren, kam endlich auch Rita, die Königin der Verspätungen. Sie starrte genauso ungläubig wie ich auf den Tisch, bevor ihr Gesicht von Robins Topflappen umfasst und ihr ein Kuss aufgedrückt wurde.

Ich setzte mich schon mal hin, verband mein Handy mit dem Küchenradio und ließ ein Album von Vanishing Twin laufen, das die beiden wieder etwas herunterholte.

Die meisten Speisen waren kalt, als Robin sich schließlich auf seinen Stuhl fallen ließ, doch das störte überhaupt nicht, denn Rita und ich waren beide nach wie vor überwältigt ob der schieren Vielfalt der Speisen, die sich alle nur in ihrem fehlenden Salzgehalt ähnelten. Wir hatten uns beide insgeheim auf seine Fünf-Minuten-Arrabiata eingestellt.

Robin aß zufrieden, und während ich sein wildes, selbstvergessenes Kauen beobachtete und das selige Lächeln, das er aufsetzte, sobald unsere Blicke sich trafen, stieg in mir die Überzeugung auf, dass dieser Junge bereit war für alles, was beim morgigen Experiment geschehen mochte.

Um acht Uhr, nachdem Robin noch lange erzählte, was er vom morgigen Trip erwartete, nur um dann zu sagen, dass man ohne Erwartungen an so eine Reise herangehen sollte, fand er selbst, dass er jetzt noch Zeit für sich bräuchte, was übersetzt hieß, dass er jetzt mit Rita zu zweit sein wollte. Ich gab zu, dass ich ohnehin auch noch mit Mara verabredet war, doch die beiden fanden das total super und wünschten uns viel Spaß, mit Augenzwinkern, und ich wünschte ihnen auch viel Spaß, mit Augenzwinkern. Dann umarmte ich erst Rita und dann Robin ganz lange. Dabei inhalierte ich den Geruch seines mir vertrauten Waschmittels und den Geruch von Bratfett, den die Küchenschlacht in seinen Haaren und Kleidern hinterlassen hatte, als ob es die letzte Gelegenheit in meinem Leben war.

Dann raste ich auf dem Fahrrad durch die Stadt, über einen Rhein in der Farbe von Powerade, unter einem Abendhimmel lila wie Hustensaft. Ich holte was im Dönerladen, düste dann durchs Viertel bis ins Drittel. Für die meisten Menschen ging der Tag zu Ende, für mich ging er jetzt erst so richtig los. Mara hatte ganze Arbeit verrichtet, der Laden war ein noch heilloseres Chaos als zuvor.

Ich stellte die Tüte mit dem lauwarmen Falafel auf einer Genesis-Platte ab, weil es wirklich keinen freien Quadratzentimeter im Geschäft mehr gab und es sich um ein Album aus dem Spätwerk handelte, also ohnehin problemlos als Ablagefläche zu gebrauchen war. Mara kam um die Ecke, freute sich anscheinend sehr, mich zu sehen, der Becher und ihre Wangen verrieten, dass sie in meiner Abwesenheit bereits zu trinken begonnen hatte, denn sie trank gern und häufig, wenn sie hier allein im Drittel abhing. Sie manövrierte sich durch das um sich herum gebaute Labyrinth aus Fusion- und Krautrock-Alben, griff nach dem Falafel, machte mir einen gespritzten Weißwein und stellte den ebenfalls auf die Genesis-Scheibe. Die Tropfen wischte sie nicht einmal ab.

Der gespritzte Weißwein war fantastisch, denn seitdem Sprite keinen Zucker mehr, sondern nur noch chemische Süßungsmittel enthielt, war der Mund nicht mehr andauernd so ekelhaft klebrig. Zur weiteren Stimmungssteigerung legte ich lustigen Discosound auf und wir feierten eine Party, nur dass wir eben nicht tanzten, denn Mara und ich tanzten nicht, sondern einer unbegreiflichen Logik folgend quer durch die Genres und Jahrzehnte sprangen. Ich saß am Laptop, rechts Kaffee, links Weißwein, hämmerte ein Album nach dem anderen rein, und sie mauerte mich gnadenlos ein mit Türmen aus Schallplatten. Wie ein durchgedrehter kleiner Gabelstapler düste sie durch den Laden. Und so führten wir diesen irrsinnigen Wettkampf gegeneinander, stellten uns mit gespritztem Billigweißwein einen rein und machten uns bereit auf eine endlos lange Nacht voll unbezahlter Überstunden.

Mit der Zeit füllten wir vollends unsere Rollen aus: ich als IT-Technikgenie, sie als Herrscherin über das Chaos. Die einzigen Pausen machten wir, um unsere Becher zu suchen und nachzufüllen. Es wurde bald Nacht, und der durch unsere Aktion aufgewirbelte Staub schneite im warmen Licht der Glühlampen. Ein kurzes Niesen, wenn jemand von uns wieder die 70er einatmete.

«Weiß Pierre eigentlich, dass wir den ganzen Laden aufmischen?», fragte ich sie um zehn Uhr, während sie in der einen Hand einen Stapel Platten balancierte und in der anderen ihr Getränk hielt.

Sie machte ein verneinendes Geräusch. «Pierre muss auch nicht alles wissen.»

So einfach konnte es gehen.

«Finde ich gut», meinte ich, natürlich ganz unpolitisch.

«Manchmal muss man die Dinge bei ihm einfach machen, weil er sonst ewig herumdiskutiert.»

Sie stellte den Stapel neben mich und setzte sich auf den Kassentresen, sodass ich meinen Kopf auf ihr Bein hätte legen können, was ich aber strengstens unterließ, und leerte den Becher.

«Warum wehrt er sich eigentlich so gegen jegliche ...»

«Veränderung?»

«Mhm. Ich meine, ist ja nicht so, als ob es jetzt so gut läuft, dass es etwas zu verlieren gäbe.»

«Ich glaube, das hat nichts mit Geld zu tun», sagte sie nachdenklich. Definitiv ihre Deep-Talk-Stimme. Ich stellte den Laptop auf Standby und hörte ihr genau zu, als sie fortfuhr: «Ich glaube manchmal sogar, Pierre mag den Laden nicht mehr, seitdem meine Mutter weg ist. Manchmal denke ich, er hasst und verehrt das Drittel gleichzeitig.»

Oha. Die Mutter. Eine der seltenen Erwähnungen. Ich wusste nicht viel über sie, nicht mal ihren Namen, sie war immer *die Mutter* gewesen, und ich hatte genug Feingefühl, um nicht weiter nachzufragen. Vor drei Jahren hatten sie und Pierre sich nach langer Zeit geschieden. Gemeinsam hatten sie das Drittel aufgebaut und betrieben und ihr Kind darin großgezogen.

«Stell dir mal vor: Du liebst einen Menschen und ihr betreibt einen Plattenladen.»

Einfache Aufgabe.

«Ihr habt das Ding vor Jahren gemeinsam aufgebaut, ihr erzieht euer verdammtes Kind darin, hängt immer in eurem kleinen Paradies ab, tagein, tagaus, und dann –»

Sie klatschte laut in die Hände, sodass ich zusammenzuckte. «Zack!»

«Was heißt *zack*?»

«Zack heißt Scheidung.»

«Das war jetzt laut.»

Sie lächelte spöttisch. «Das war auch laut. Wenn du dabei gewesen wärst, würdest du es verstehen. Jedenfalls, plötzlich ist diese Person weg. Und du stehst in diesen Überresten eures gemeinsamen Lebens, die verdammt viel Kohle verschlingen, weswegen du den ganzen Scheiß weiterführen musst, weil er deine letzte Erinnerung an die ganzen vorherigen zwanzig Jahre ist. Und dafür hasst und liebst du den Laden.»

Sie nahm einen großen Schluck Wein. «Ist aber nur eine These.»

So weit hatte ich noch nicht mal im Ansatz gedacht. Das war der lange benötigte Flavourtext, den ich brauchte, um die Akte Pierre endlich etwas besser verstehen zu können; warum er an manchen Tagen von morgens bis abends ein Gesicht wie ein Orang-Utan zog und in seinem klebrigen Bürokühlschrank so viele Weinflaschen standen.

«Kackt es Pierre denn an, hier zu sein?», fragte ich.

Sie füllte sich neuen Wein ein. Sprite war mittlerweile überflüssig. «Ich glaube, er hat sich arrangiert. Meine These ist, dass er so einen komischen Schutzmechanismus entwickelt hat, im Sinne von: Er will den Laden genau so lassen, wie er immer war. Und lieber verliert er ihn, als ihn zu ändern.»

«Macht das ... Sinn?», fragte ich vorsichtig.

«Das macht überhaupt keinen Sinn», sagte sie forsch, als wäre sie wütend auf Pierre. «Aber anders hält er es nicht aus, anders kriegt er seinen Scheiß nicht auf die Reihe.»

«Da bist du dir sicher?»

«Überhaupt nicht. Er redet nie über meine Mutter. Dann doch lieber über Taylor Swift.»

Sie starrte das Sgt.-Pepper-Poster an, als wäre es ein altes Familienfoto. Dann schüttelte sie den Kopf und atmete tief ein und aus. Emotionsregulation. Hatte sie mal von Robin gelernt.

«Hat deine Mutter denn jetzt noch irgendwas mit Platten zu tun?», fragte ich, um das Gespräch wieder in etwas seichtere Gefilde zu leiten.

«Wahrscheinlich genauso viel wie deine Mutter.»

«Also war Pierre der Plattenverrückte von den beiden?»

«Mhm. Meine Mutter hatte einfach Bock, als er mit dieser verrückten Idee aufkam. Sie hatte großes Vertrauen in ihn. Musste ihn dann aber doch immer wieder aus der Scheiße ziehen. Darum läuft's auch nicht mehr so, seit sie weg ist.»

«Immerhin gibt es den Laden noch», stimmte ich heitere Töne an.

Sie schweifte gedanklich nochmals ins Wehmütige ab, raffte sich dann aber zusammen: «Genau», sagte sie entschlossen. «Darum schauen wir, dass es so bleibt!»

Sie lachte. «War das jetzt nicht eine Wahnsinnsmotivation?»

«Kipp noch Wein obendrauf, dann klappt's schon.»

«Na also», freute sie sich, und wir fuhren mit unserer Arbeit fort. Als es Mitternacht war, waren letztlich auch die Becher überflüssig geworden und wir tranken aus der Flasche.

Berauscht schlug ich vor, dass wir uns doch eine Instapage einrichten könnten für mehr Reichweite, und hätte beinahe erwähnt, dass Dave mit seinem Rundum-Account bereits zweitausend Follower hatte, was ich aber im letzten Moment noch zurückhalten konnte. Das R-Wort wurde hier nicht ausgesprochen. Mara fand die Insta-Idee erwartungsgemäß beschissen und grinste mich frech an, und ich meinte, sie sei technikfeindlich, woraufhin sie entwaffnend antwortete, dass sie das eben von Pierre geerbt hätte.

Es war halb zwei, als wir die dritte Flasche weggesoffen hatten und mittlerweile auch Mara selbst den Überblick über ihr Chaos verloren hatte. Sie machte drei Schritte zurück, schaute sich alles an.

«Scheiße ...»

Ich winkte sie zur Aufmunterung zu mir rüber und zeigte ihr unseren mittlerweile reichhaltigen Onlineshop, was sie beeindruckend fand und mir deswegen kumpelhaft auf den Rücken schlug, was wir beide wohl irgendwie unangemessen fanden, denn seit dem Desaster an ihrem Geburtstag schienen wir bewusst auf zu intimen Körperkontakt zu verzichten. An den verstohlenen Blicken änderte das natürlich nichts.

Ich stand um zwei Uhr hinten im muffigen Büro, setzte den Wasserkocher auf, leerte Instantkaffee in zwei Tassen und glühte, weil ich so angeregt war; vom Umbruch, von Mara, vom Wein, von all den Platten und der Vorstellung, dass ich ja vielleicht wirklich gerade dabei war, das Drittel zu retten. Kleiner Dank an Dave noch mal an der Stelle.

Mara empfing den Kaffee mit einem Gähnen, meinte, wir müssten das jetzt noch durchziehen, und fragte mich, ob ich dabei wäre. Als ich darauf verwies, dass ich uns gerade einen extra starken Kaffee gemacht hatte, war der Schwur beschlossen. Ich legte ein Album von The Kinks auf und wir machten nochmals eine gefühlt endlos lange Schicht. Und irgendwann, so gegen vier Uhr, meinte Mara schließlich, dass wir wohl genügend Platten hochgeladen hätten. Ich leistete nur wenig Widerstand. Zwar hätte ich natürlich am liebsten gleich das ganze Drittel digitalisiert, doch nur mit Kaffee und Wein blieben Menschen in meinem Alter nicht bis sechs Uhr morgens wach. Also begannen wir aufzuräumen.

Mara brachte gerade Nick Cave und seine Bad Seeds zurück in ihr Kistchen, als sie meinte, sie würde hier auf der Couch pennen, gefolgt von einem: «Du kannst auch hier schlafen, wenn du willst.»

Ich zuckte mit den Schultern, ja, warum nicht, denn das war um diese Uhrzeit definitiv nur noch eine rein logistische Angelegenheit.

Aus dem Büro holte Mara zwei Decken, die sie auf die zwei kleinen Sofas hinten in der Ecke legte, auf denen man die Beine anziehen musste, um überhaupt draufzupassen. Nachdem wir noch für etwas mehr Ordnung gesorgt hatten, legten wir uns hin, und Mara stellte das schummrige Licht aus, sodass wir beide an die dunkle Decke starrten.

«Ich habe, glaube ich, zuletzt als Kind hier gepennt», meinte sie. «Ich weiß noch, früher fand ich das fantastisch, hier im Drittel zu übernachten. Pierre musste dann immer hierbleiben. Stell ihn dir mal vor, wie er sich auf dieser Couch zusammengerollt hat. Er hat es gehasst.»

Sie lachte leise ins Dunkle, und ich hörte ihr zu. «Irgendwann, als ich keinen Schiss mehr hatte, habe ich dann allein hier übernachtet. Ich habe immer diese eine Schallplatte aufgelegt, *Blue* von Joni Mitchell, und zwar immer auf Dauerschleife, aber die B-Seite, weil da *A Case of You* drauf war.»

Ich drehte mich auf dem Sofa zu ihr und wäre dabei beinahe runtergeflogen. «Hast du die noch?»

Und schon hörte ich, wie sie durch den Laden stolperte, dabei mindestens zwei Plattentürme umwarf, sich ein Mal den Fuß anstieß, dann ihre Handytaschenlampe anstellte und hinten aus dem Büro, wo die wirklich unverkäuflichen Sachen lagen, mit einem blauen Quadrat hervorkam und müde lächelte.

Keine halbe Minute später sang Joni Mitchell auf der B-Seite von Kalifornien und Flüssen, und ich sah Maras Umriss unter der Decke, wie sie selig und ganz leicht mit dem Kopf wippte und sich wie das Mädchen von früher vorkommen musste.

Und zu diesem Anblick schlief ich ein.

7

Es war exakt neun Uhr sechzehn, als Robin in einem sterilen Untersuchungsraum des Universitätsspitals ein kleines, unscheinbares Stück Löschpapier unter die Zunge geschoben bekam und er in eine lange, weiße Röhre verlegt wurde. Den ganzen Morgen über war er nervös gewesen, hatte sogar leichten Durchfall gehabt, wie immer, wenn er sehr aufgeregt war. Um zehn Uhr legte sich diese Aufregung und wich einem angenehmen Kribbeln, das durch seinen ganzen Körper floss, den er gestern mit langen Ritualen nochmals ordentlich spirituell aufgeladen hatte, und um halb elf war Robin sich ganz sicher, in einer anderen Welt zu sein. Er signalisierte den Ärzten, dass alles in Ordnung war. Eine leichte Verwirrung wurde schriftlich festgehalten.

Um elf hatte Robin seine Augen geschlossen und sprang kopfüber durch ein Nadelöhr in ein goldenes, flackerndes Fraktal, hinter welchem ein ganzer Irrgarten aus spiralförmigen Wellen sich selbst verschlang und neu gebar. Dazwischen erspähte dieser Mensch, der sich nicht mehr als Robin identifizieren konnte, die innersten Bausteine seiner Seele, in geometrischen Anordnungen waren die Wirkweisen seines Unterbewusstseins vor ihm in endloser Weite ausgebreitet.

Um halb eins wurde eine aufkeimende Panik bei ihm festgestellt, ein generelles Unwohlsein, das sich nach einer Viertelstunde wieder legte und wohl auf eine kurzzeitige Überforderung zurückzuführen war.

Die nächsten Stunden waren eine Reise, wie der damalige Robin sie sich nicht in den wildesten Träumen hätte vorstellen können. Endlose Welten, die sich umstülpten, tiefe Risse in dem, was er sein Bewusstsein nannte, klare, leuchtende Erkenntnisse, die so anders waren als alles, was er bisher geglaubt hatte zu wissen.

Um fünfzehn Uhr nahm die Wirkung allmählich ab, war jedoch noch immer ergreifender und tiefschürfender als jegliche spirituelle Praxis, die Robin zuvor erprobt hatte.

Um siebzehn Uhr wurde er aus seiner Röhre geholt. Er starrte das Team in völligem Unglauben an, betastete die weiche Unterlage, auf der er die letzten Stunden verbracht hatte. Bis neunzehn Uhr wurden Befragungen und Nachbereitungen erledigt und um halb acht lief Robin spirituell tiefengereinigt durch die Straßen, so frisch, als hätte seine Seele einen Kaugummi gekaut. Über seine Kopfhörer hörte er einen indischen Raga mit Bansuriflöten.

Er stieg durch das öde Treppenhaus, dessen Kälte und Abweisung ihm viel bewusster denn je erschien, und um exakt neunzehn Uhr vierundvierzig klopfte er an die Tür seines Mitbewohners, der gerade mit völlig anderem beschäftigt war, und trat in dessen Zimmer.

Ich hörte ihm zu. Lange. Und länger. Und er versuchte all das, was er erlebt hatte, in Worte zu fassen; die ganze Achterbahn, die Höhen und Tiefen, dass er seinen verstorbenen Großvater gesehen hatte, dass er es endlich wieder einmal geschafft hatte zu weinen, denn das versuchte er seit Jahren und schaffte es nicht, dass er die Ursachen seines Verhaltens ergründet hatte und sich jetzt viel besser verstand und viel klarer spürte, was er vom Leben wollte. Er glühte richtig, auf eine merkwürdige, unerklärliche Weise, sodass ich mir richtig schäbig vorkam, wie ich in Jogginghose und Seitenlage Cola Zero trank und auf YouTube ein reißerisches Video über Yoko Ono schaute.

Auch als er fertig war, saß er nur da und lächelte noch leicht bedused, aber total friedlich. Ich hatte natürlich keinen Plan, von was genau er redete, weil ich den Tag nicht auf

LSD in einem Unispital verbracht hatte, doch ich versuchte, die richtigen Fragen zu stellen und immerhin ein wenig zu kapieren, wie umgestülpt er sich gerade fühlen musste.

«Weißt du, was verrückt war, Milo? Ich sah an einem Punkt die ganze Welt vor mir. Doch sie war pechschwarz und finster. Nur in der Mitte Europas, da war ein ganz kleiner Fleck erleuchtet, unsere Stadt, unser Zuhause. Aber der Rest: Dunkelheit. Wie würdest du das interpretieren?»

«Keine Ahnung ... »

«Das bedeutet, dass der ganze Rest der Welt mir noch verborgen ist. Dass ich raus muss aus diesem kleinen, erhellten Fleck, raus ins Dunkle. Die Welt erhellen, Milo!»

«Du meinst ... Ferien?»

«Quatsch, nicht Ferien. Also gut, ja, irgendwie schon auch Ferien. Es geht aber mehr ums *Reisen*, Milo, verstehst du? Das Weggehen, weit weg von hier, raus aus dem Bekannten. Wir haben keine Ahnung, wie gewaltig dieser Planet ist, wir erfassen nur einen so kleinen Bruchteil der Realität.»

Und was machte ich, während er seine Karte erweitern ging? Ohne Robin lief's hier nicht. Aber egal. Erst mal abwarten. Solche Reden hatte er ja schon hin und wieder mal geschwungen und dann war's am Ende ein Ausflug in den Schwarzwald geworden.

«Man muss sein Nest ausräuchern», sagte er und nickte danach, was einen ziemlich überzeugten Eindruck machte. «Und die ganzen üblen Gewohnheiten auch. Bildschirme, verarbeitetes Essen, Pornografie –»

«Ich dachte, damit hättest du aufgehört?»

Ein verlegener Blick.

«Uiuiui.» Ich richtete mich auf. «Aber weißt du, Robin, ich glaube, ganz ohne Laster geht's nicht. Ich glaube, es gehört zum Leben dazu, jeden Abend ins Bett zu gehen und zu denken, dass man heute nicht ganz seinen Idealen entsprochen hat.»

Ja gut, ich lobbyierte hier, ganz direkt und würdelos tat ich es. Doch ich wollte ihn auch schützen, vor sich selbst, vor diesen absurden Ideen, die ihm das Gefühl gaben, sein Leben umkrempeln zu müssen.

«Interessanter Gedanke», honorierte er meine Manipulation auch noch. «Ich glaube aber, in uns steckt viel mehr Potenzial, als wir denken. Ich glaube, dass wir im Laufe unseres Lebens Barrieren manifestieren, die uns daran hindern, frei zu sein, und die wir nur von innen heraus durchbrechen können.»

Ich hob ergeben die Hände. Von mir aus. Ich nickte nur, und er streichelte selig über meine Bettdecke, als wäre sie sein Haustier.

«Genug von mir», meinte er schließlich und strahlte mich an. «Was läuft bei dir so? Habt ihr den Onlineshop fertig?»

Ich schielte zum Bildschirm meines Laptops.

«Zeig mal her», meinte er und griff nach ihm.

«Ey, du bist doch echt süchtig nach den Dingern!»

Er gab mir einen Hundeblick. «Ich weiß. Ich bin aber auch einfach aufgedreht, ich will unbedingt dein neues Projekt sehen.»

Um den Finger gewickelt.

Ich zeigte ihm die Website, und nachdem er kurz angemerkt hatte, dass er immer noch ganz leicht drauf sei und die Website «trippy» fand, was sie wirklich nicht war, ließ er mich von der Wahnsinnsnacht erzählen, die Mara und ich im Drittel verbracht hatten.

«Das da sind aber nicht alle eure Platten, oder?», fragte er.

«Nein, das sind nicht alle.»

«Wie viele etwa?»

Ich zuckte mit den Schultern. «Unsere besten, beziehungsweise berühmtesten, wie du's nennen willst.»

Er schaute teilnahmslos auf den Bildschirm. Ich kannte den Blick.

«Sag schon», drängte ich ihn. «Was fehlt noch?»

«Ach, nichts. Ich meine, ich dachte nur, du hättest mal was von wegen mehr Hip-Hop und so gesagt.»

Ich seufzte und klappte den Laptop zu. «Ich weiß. Ich habe mich noch nicht getraut. Bis hierhin war's so schön und einfach, perfekt eben. Wenn ich jetzt mit Hip-Hop und Technoscheiß um die Ecke komme, mache ich die ganze Harmonie kaputt.»

«Und wenn du's nicht tust, dann war's das mit dem Laden, richtig?»

Er lächelte auf diese spezielle Art, mit der er nett sagte, dass das Leben manchmal eben ein bisschen beschissen sein konnte und dass das okay war. Ich hätte mich gern unter der Decke verkrochen, doch Robin meinte, wir sollten noch in die Küche gehen, und eigentlich hatte er recht, weil ich schon seit Stunden nicht mehr aufrecht gestanden hatte und mir unter dem Vorwand einer popkulturellen Recherche nur noch Trash im Netz reinzog.

«Hauen wird sie mich», sagte ich und leerte ein paar Salzstangen in ein Glas. «Und Pierre erst, der wird richtig an die Decke gehen. Wenn der jetzt denkt, dass ich ihm seine schimmelnde Grateful-Dead-Kollektion durch Houseplatten ersetzen will, wird's unschön.»

«Als ob der sich von dir bedroht fühlt.»

«Ich weiß nicht, Robin. Manchmal, wenn Mara und ich uns gerade nahe sind, dann schaut er mich so komisch an. Als ob er sagen wolle: ‹Wehe, Bürschchen.›»

Robin musste lachen. «Zu einhundert Prozent bildest du dir das ein.»

«Ich schwör's dir! Wenn du's mal gesehen hättest!»

«Ich hab's noch nie gesehen.»

«Ja, eben.»

«Weil es noch nie passiert ist.»

Ich gab die Diskussion auf. «Okay, vielleicht übertreibe ich gerade auch ein bisschen. Es stresst mich einfach alles total, es schwebt alles in der Luft, ich meine, auf irgendwas muss ich mich doch einstellen können; fliegen wir jetzt raus oder nicht, kann ich Platten verkaufen oder muss ich Pizza ausliefern?»

Ich erwartete eine Weisheit von Robin, doch er nickte nur, kam dann zu mir und knetete meinen Nacken mit seinen großen Händen durch.

Message angekommen. Runterfahren.

«Es gibt keinen einzigen Grund, warum du dir Sorgen machen solltest», brummte er weich.

Ich drehte mich zu ihm um.

«Hypnotisierst du mich gerade?»

Er kicherte mysteriös, aber irgendwie schien die Sache zu wirken und ich konnte tatsächlich entspannen. Irgendwann hörte Robin auf und begann den schimmelnden Avocadokern, der nicht wachsen wollte, aus dem Glas auf dem Fenstersims zu nehmen und ihn zu säubern. Ich beobachtete ihn und dachte, er würde das Ding jetzt wegschmeißen, doch als er fertig war, nahm er ein neues Glas hervor und setzte den Kern behutsam hinein.

«Würdest du es denn vorschlagen?», bat ich ihn um Rat und dachte mir, dass ich ihn immer um Rat bat, dass ich alle irgendwie immer um Rat bitten musste.

Er hielt kurz inne. «Definitiv. Ich hätte schließlich nichts zu verlieren.»

Ich war mir trotz allem nicht sicher. «Vielleicht läuft die Website ja», dachte ich laut nach. «Dann brauche ich das mit dem Sortiment gar nicht mehr vorzuschlagen.»

Die Website lief beschissen. Ich würde es gern anders nennen, doch es gab nichts zu beschönigen. Innerhalb einer Woche wurden nur zwei Scheiben verkauft, und dann auch noch ranzige ABBA-Alben für je zehn Franken. Es war wirklich eine Demütigung und es hätte wohl auch dem letzten Idioten an diesem Punkt klar sein müssen, dass unser Laden so nicht weitergehen konnte. Trotzdem konnte ich Mara nicht gestehen, wie schlecht wir dastanden, gerade weil sie immer so begeistert nachfragte, wie die Website lief. Sie war so motiviert, dass ich mir dachte, dass sie sich diese ganze Sache vielleicht etwas zu leicht vorstellte. Das war der Markt, hier gewannen nur die Bösen, Interdiscount, MediaMarkt, Nickelback. Gerade beim Onlineshopping; gegen die Gratislieferungen der Konzerne konnten wir nur wenig ausrichten. Doch das alles wollte ich ihr nicht sagen, nicht jetzt, wo sie so voller Hoffnung an neuen, kreativen Marketingstrategien feilte: Für jeden Einkauf über hundert Franken gab es eine gratis KISS-Platte dazu, 2-für-1-Aktionen bei allen Singles mit sexistischen Songtexten, 20 Prozent Rabatt für alle, die die Diskografie ihrer Lieblingsband auswendig konnten. Nein, ich konnte die Wahrheit nicht aussprechen. Also sagte ich ihr, ich hätte noch nicht nachgeschaut, was auch wieder eine Lüge war, denn ich schaute jede einzelne Stunde nach, ob etwas verkauft worden war, scheißegal, dass ich bei jedem Kauf sowieso eine automatische Bestellbestätigung bekam.

Und immer öfter flüchtete ich nach Feierabend. Ins Rundum, zu Dave, zu den Wahnsinnskopfhörern, zu schwarzen Zahlen, simplen Gesprächen über Ambientmusik, zu kostenloser Fritz-Kola. Und abends kamen seine Leute und auch immer mal wieder Ben vorbei und wir tranken ein paar Dosen Bier und redeten über alles außer Musik, was heilsamer war als gedacht, zumindest wenn ich Ben nicht allzu genau zuhörte.

Es war nach einer langen Nacht, die wir alle gemeinsam im Rundum verbracht hatten, als ich mein Fahrrad nach Hause schob und plötzlich die erschütternde Erkenntnis hatte: Das war schon lange keine Geschäftsbeziehung mehr.

8

«Die wurde von David Bowie entjungfert. Mit vierzehn!»
Mara riss die Augen in einer theatralischen Geste weit auf.
Ich kannte die Geschichte, doch Tobi, Louise und Liv schauten Mara gebannt an.

«Wie hieß die noch mal?», fragte Tobi.

«Lori Mattix. Die war wirklich verrückt, die hatte mit allen was damals, mit *allen*. Jimmy Page, Mick Jagger, Jeff Beck,
zwei von den drei Typen von Emerson, Lake and Palmer, keine Ahnung welche genau, Mickey Finn –«

«Wer war das noch mal?»

«Der von T. Rex. Allgemeinbildung, Milo.»

«Ach so, ja, stimmt.»

«Und mit der Ex-Frau von Bowie.»

«Was?», staunte Liv, und ich musste doch lachen, obwohl ich die Geschichte schon dreimal gehört hatte, und
schaute Mara an, wie sie im Gras saß auf dieser Parkwiese hier
auf dem städtischen Open Air. Ich liebte ihre Geschichten
über Musik, aber vor allem mochte ich diese Stimmung, in
die sie kam, wenn sie sich beim Erzählen irgendwo in den
Frühsiebzigern verlor.

Umso mehr hatte ich Schiss, sie heute über den miserablen
Stand der Dinge zu informieren und ihr hinterher auch
gleich noch die nächsten Schritte meines Notfallplans zu präsentieren. Es war alles möglich. Entweder fiel sie mir um den
Hals oder klatschte mir das Ding um die Ohren. Ausbau der
Elektro-, Tanz- und Hip-Hop-Musik, ei, ei, ei, mal schauen,
wie viel Pierre schon in ihr steckte.

Tobi plärrte ungeachtet der Armada an Bluetooth-Boxen
um uns herum *Lambada* auf seiner Gitarre und gab noch ein
paar andere Instrumentals zum Besten. Er hatte es nie auf die

Bühne geschafft, und ich fragte mich, mit was für einem Gefühl er hier im Publikum saß und zu denen emporblickte, die mit denselben Voraussetzungen wie er weitergekommen waren. Ich war mir ziemlich sicher, dass ihn das manchmal ziemlich fertigmachte, weswegen ich ihm ein paar nette Komplimente gab, als er seine Gitarre einstecken musste, weil um Punkt neunzehn Uhr die Bühnenlichter angingen und ein minderjähriger Hip-Hopper den Festivalabend eröffnete.

Schnell wurde mir klar, dass vor allem dieser Auftritt die ganzen Kids angezogen hatte, denn was noch nicht niedergestreckt von grünem Trojka-Wodka oder holländischem Totklatschweed im Gras lag, raffte sich jetzt auf, um einen Moshpit zu veranstalten. Von den Texten verstand ich nicht viel, sie gingen mehrheitlich über Codein und Frauen, was bei mir die Frage aufwarf, warum der Staat solche Sachen mit Geld auf die große Bühne brachte. Mara grinste, und ich wusste, sie hatte keine «hard feelings» gegenüber dieser Kultur. Sie ließ den Kids ihren Spaß. Sie wollte einfach nichts damit zu tun haben.

Keine zehn Minuten später war mein Robin da, der schlenkernde Tretroller in seiner Hand schlug sicher drei Leuten ans Schienbein. Eine Machtdemonstration seiner Gesellschaftsunfähigkeit. Er hasste große Menschenmengen.

Schließlich hatte er uns gefunden, grüßte einmal in die Runde und legte sich und den Tretroller neben mich.

«Wie lange fährst du noch mit dem Ding herum?», fragte ich ihn.

«Es ist sicherer.»

«Wie ist das bitte sicherer? Du hast gerade drei Leute damit umgehauen.»

«*Rechtlich* ist es sicherer. Du darfst so besoffen wie du willst auf dem Ding herumfahren. Die können nichts tun, keine Buße, gar nichts.»

Ich musterte ihn von oben bis unten. « Du trinkst heute ?!»

« Vielleicht.»

« Warum das denn jetzt?»

« Das erzähle ich dir später.» Er grinste geheimnisvoll. Alles klar. Dann wälzte er sich wie ein Welpe im Gras herum und nahm ein Ankerbier aus dem Jutebeutel. Er wog es andächtig in seiner Hand und hielt es gegen die Abendsonne, als wäre es ein Juwel.

« Na dann », ermutigte ich ihn, und schon zischte es und wir stießen an, weil ich mittlerweile auch über einem offenen Bier saß. Er schloss nach dem ersten Schluck die Augen und verrenkte den Hals. Er spürte die Sünde. Und er genoss sie in vollen Zügen.

« Teuflisch.» Er schnalzte mit der Zunge. « Ich kapiere schon, warum alle so verrückt sind nach dem Zeug.»

Er blickte auf den Moshpit, schüttelte resigniert den Kopf und trank in atemberaubender Langsamkeit und Genussfähigkeit sein Bier, dass ich nach dem Leeren meines Bechers beinahe neidisch auf seine fast volle Dose schielte.

Wir hörten das Konzert zu Ende und waren ziemlich froh, als die Teenies ihren Moshpit auflösten und wie Kühe wieder auseinandertrotteten, um sich in den Schatten zu legen.

Kurz vor dem Auftritt von Ritas Band standen Mara, Tobi, Liv und Louise auf, weil sie näher ran wollten.

« Willst du auch?», fragte ich Robin, doch er winkte ab. Er kannte die Songs bereits alle in- und auswendig. Und er wollte auf keinen Fall unten in der schwitzenden Menge pubertierender Teenies herumstehen, wenn er sich stattdessen hier ins warme Gras fläzen und alle Glieder wie ein Seestern von sich strecken konnte.

Und so verlor ich Mara erst mal für eine ganze Weile aus den Augen.

Ich hatte Ritas Band vor drei Jahren mal in einem kleinen, verrauchten Club gesehen, aber meine Güte, hatten die sich verbessert! Sphärischer Pop vom Feinsten, die zugedröhnten Kids zerschmolzen im Gras oder wiegten plötzlich wieder unschuldig wie kleine Engelchen hin und her.

Robin hatte die Augen geschlossen, ließ den letzten Tropfen Bier auf seine Zunge fallen und stöhnte vor Lust. Und das bei verdammtem Ankerbier, es war wirklich unglaublich.

«Verrätst du mir jetzt, warum du für Dosenbier deine Prinzipien brichst?», fragte ich ihn und schob schnell hinterher: «Also nicht, dass ich das schlecht finde, im Gegenteil. Du wirkst lebendig.»

Er grinste mich blöd an. «Jetzt warte ab. Ich habe einschneidende Neuigkeiten für dich, mein Freund.»

Ich stutzte. «Einschneidend?»

Er richtete sich auf.

«Jetzt wird's fast unheimlich formell.»

«Keine Angst, Milo.» Er fischte sich ganz genüsslich eine weitere Dose aus der Tasche, tastete jede ab und wählte dann die mit der besten Energie oder die kühlste, was wusste ich schon. «Also. Wie fass ich's am besten kurz ...»

«Ja?»

«Ich fliege davon!»

Hä? «Wie?»

«Okay, vielleicht muss ich's doch ein bisschen länger machen. Also, ich habe ja schon länger den Traum, aus dieser Stadt zu verschwinden.»

Und ich habe mich darauf eingestellt, dass es auch immer einer bleiben würde.

«Jedenfalls spüre ich ganz tief in mir, dass es mich raus in die Welt zieht. Habe ich dir ja auch erzählt vor einer Woche.»

Verdammt, er glühte richtig, die Wangen rot vom Bierchen, die Augen funkelnd vor Entschlossenheit.

«Und jetzt hast du schon ein Reiseziel gefunden», hielt ich fest.

«Ja, jetzt habe ich schon etwas gefunden. Im Süden Portugals. Da gibt's noch so ein paar verschlafene Hippiekommunen, Sonnenschein, Atlantikküste, direkt am Meer!»

Ich pfiff durch die Zähne. «Nicht schlecht. Und was macht man dort so?»

Er zuckte mit den Schultern. «Mal sehen ... Gemüse anbauen, Sachen bauen. Aber vor allem: Selbstfindung. Da legen die großen Wert drauf. Es gibt Rituale, Zeremonien, Schamanen, es ist eine große Community.»

«Und wie lange wird das dauern?»

Er schaute mich ausdruckslos an. «Freust du dich nicht?»

«Ja, doch, schon. Ich will trotzdem wissen, wie lange du weg bist.»

Er ließ sich ins Gras fallen und breitete die Arme aus: «So laaange ich will.»

«Und unsere WG?»

«Untermiete», meinte er locker.

«Das heißt aber, du kommst schon irgendwann wieder?»

«Denke schon? Und wenn nicht, dann findet sich schon jemand, der übernimmt.»

«Und was ist –»

«Mit dir?»

Ich nickte stumm. Robin starrte auf die Bühne, auf der gerade eine ausgedehnte, ruhige Synthesizer-Ballade lief. Hatte er sich überhaupt schon Gedanken darüber gemacht? Oder kam es ihm ernsthaft jetzt erst in den Sinn, dass sein Flüggewerden mich allein im Nest, also dem dunklen Wohnblock, zurückließ?

«Ich bin sicher, wir finden eine gute Lösung», meinte er und setzte ein Lächeln auf, das ich ihm nicht abkaufte.

«Und die wäre?»

Trinkpause. «Was würdest du denn vorschlagen?»

«Ähm ..., dass du hierbleibst?»

«Das würdest du wollen?»

«Nein, natürlich nicht, also ja, im Herzen schon, aber mach dein Ding, ich find's ... nice, dass du etwas gefunden hast, wo's dich hinzieht.»

«Im Ernst?»

«Ja, schon», sagte ich und meinte es zu drei Fünfteln ernst. Er rückte an mich heran und reichte mir ein Bier aus seinem Sack.

«Ich find's auch schade, dass das uns zwei auseinander-reißt», stimmte er etwas ernstere Töne an. «Zumindest vorläufig. Aber du weißt ja, wie das ist, wenn du tief in dir spürst, dass es sich *richtig* anfühlt, etwas zu tun. Wie bei dir und dem Drittel. Dein Ding. Das musst du einfach durchziehen.»

«Deswegen habe ich nachher übrigens Krisensitzung mit Mara.»

«Oh. Ist es ernst?»

«Ja. Der Webshop läuft gar nicht. Sechs Platten an sechs Kunden haben wir mittlerweile verkauft. Und ich bin mir ziemlich sicher, dass einer davon du warst.»

Ich warf ihm einen scharfen Blick zu und er tat überrascht.

«War ich nicht.»

«*Niemand* außer dir kauft Peter-Tosh-Platten, Robin. Jedenfalls, diese Onlineshop-Geschichte ist nach hinten losgegangen. Also muss ich ihr heute beibringen, dass wir unser ganzes Ladenkonzept ändern müssen, wenn wir überleben wollen.»

Robin nickte stumm und spielte nachdenklich mit einem Grashalm.

«Ich habe keine Ahnung, wie sie reagieren wird. Ehrlich gesagt habe ich ein bisschen Schiss.»

Er gab sich ausnahmsweise nicht die Mühe, irgendeine aufheiternde Binsenweisheit zu äußern. Er wusste, dass es mittlerweile wirklich ernst mit dem Drittel wurde. « Und dieses Gespräch, das wolltest du heute machen?»

« Mhm.»

Er brachte ein *Uff* hervor, rollte sich auf den Bauch und schielte zu mir hoch. « Also nochmals, zum Zusammenfassen: Du willst ihr heute sagen, dass euer Sortiment nicht mehr tragfähig ist und ihr deswegen das Konzept des Ladens auf modernere, trendigere Musik umstellen solltet, ja?»

« Ja, so in etwa. Das Wort *trendig* werde ich sicher nicht benutzen.»

« Ja, das wäre vielleicht besser. Ach komm, zieh jetzt nicht so ein Gesicht, du wirst das sicher gut machen.»

« Ich weiß nicht ... Lenk mich bitte ab. Erzähl mir was über die Hippies.»

« Die in Portugal?»

« Ja. Sind sie nackt?»

« Ja und sie haben der menschlichen Sprache abgeschworen.»

« Witzig.»

« Ich schwör's dir!»

Er verzog keine Miene, musste nach ein paar Sekunden dann aber doch losglucksen.

Nach der dritten Hülse ging Ritas Konzert in die sentimentale letzte Phase über, beinahe eine Stunde lang hatten sie von Einsamkeit in Großstädten, Jugendlieben und geleerten Flaschen Billigwein sowie anderen traurigen Themen gesungen, sodass die meisten ziemlich aufgelöst waren und ich den Mut hatte, einen Arm um Robin zu legen, was ich so gut wie nie tat, und ihm zu sagen, dass ich ihn ordentlich, also verdammt stark vermissen würde. Er spielte es runter, meinte, dass wir ja noch immer Kontakt haben könnten. Ich wusste, dass er es weniger zu mir als zu seinen eigenen Ängsten sagte.

«Klar, wir bleiben in Kontakt», sagte ich. Auch wenn ich befürchtete, dass das mit dem Kontakthalten ziemlich schwierig werden dürfte, weil Robin und ich beide schlechte Kontakthalter waren und ich ihn schon in unserer gemeinsamen WG manchmal aus den Augen verlor.

«Ich wusste nicht, dass Rita so gute Musik macht», sagte ich, um ihn etwas aufzuheitern.

«Ich leite es gern gleich weiter», säuselte Robin und stand auf, sodass er vor der sinkenden Sonne einen langen Schatten warf.

«Wo gehst du denn jetzt hin?»

«Backstage.» Er zog eine Grimasse und machte ein Peace-Zeichen.

«Cool, und ich liege hier allein im Gras herum, oder wie?»

«Nein, ich glaube, du hast etwas Wichtiges zu tun, mein Freund.»

Er zwinkerte mir zu, streckte den Rücken durch und ging mit einem ‹Wir sehen uns später› los. Ich schaute ihm zu, wie er lustig wippte, als er den Hügel hinuntertrabte und unfreiwillig immer schneller wurde dabei.

Wie skurril. Robin in den Hippiehöhlen, Pia im Gerichtssaal, plötzlich hatten alle so unglaublich viel vor mit ihrem Leben. Das Leben war jetzt kein Zustand mehr, durch den man sich irgendwie möglichst effizient durchmanövrierte, das war jetzt ein Ding, mit dem man etwas machen, also so richtig etwas anstellen konnte.

Ich traf Mara beim Bierzelt. Sie lud mich auf ein weiteres Getränk ein und mit zwei schäumenden Plastikbechern setzten wir uns auf einen heruntergekommenen Spielplatz etwa drei angetrunkene Gehminuten von der Open-Air-Stage entfernt auf einen dieser großen Schwingkörbe, auf denen ich als Kind immer versuchte, einen Looping zu schaffen. Wie mutig ich damals gewesen war. Jedenfalls lagen wir jetzt in diesem unbequemen Korb und unsere Körper berührten sich rein platzbedingt. Wir waren vollkommen allein, und wenn der Wind gut stand, dann hatte das alles schon ziemlich was; die ferne Indie-Musik, das Blätterrascheln und die verlorenen Wolkenfäden an einem Abendhimmel wie aus einem Anime-Film.

Meine Güte, was hätten wir uns küssen sollen.

«Spezialgespräch also», meinte Mara. Ja, mir war kein besseres Wort eingefallen, aber *come on,* Krisengipfel oder Notfallsitzung klangen auch beschissen.

«Ja, genau, Spezialgespräch», wiederholte ich, um mir noch etwas Zeit zu verschaffen. «Alsooo ... gut. Anlass zum Gespräch: unsere Website.»

Da machte sie gleich Augen. «Und, wie läuft sie?»

Ich sog Luft ein. «Scheiße. Um ehrlich zu sein.»

«Oh», machte sie nur, als wäre ihr gerade etwas heruntergefallen, nicht ihre Zukunft potenziell zerstört worden. «Das ist komisch.»

Ich hätte ihr an der Stelle gern erklärt, dass es eigentlich nicht so komisch war, weil wir ja hauptsächlich Musik für ältere Leute verkauften und die eben nicht ins Internet gingen, und wir auch keine Social-Media-Seite hatten, wodurch es unmöglich war, dass irgendwelche Leute Wind davon bekamen, dass es so etwas wie einen Drittel-Onlineshop jetzt überhaupt gab, und selbst wenn, dann wäre der Shop selbst ja immer noch –

«Ja, komisch. Ich versteh's auch nicht ganz.»

«Kommt vielleicht ja noch», meinte sie. Das war keine Frage. Das glaubte sie wirklich. Ich lachte, ohne dass ich es wollte. «Na ja ... Um ehrlich zu sein, glaube ich nicht, dass da jetzt noch groß was durch die Decke geht.»

Sie dachte einige Sekunden nach, und ich griff einen der Holzhäcksel vom Boden, fummelte daran herum und gab uns ganz leicht mit den Füßen Schwung.

«Und woran liegt's?», wollte Mara schließlich wissen und fragte in einem so neutralen, lösungsoffenen Ton, dass ich mir nicht helfen konnte, als die Antwort, sogar etwas schneller, als mir lieb war, zu geben: «Am Sortiment.»

Ich musste es noch etwas ausführen und machte mehrfach klar, dass ich unser Sortiment ja hammer und geil und nice und was weiß ich noch alles fände, es aber einfach nicht so *marktttauglich* war. Ich bereute dieses Wort noch in der Sekunde, als ich es ausgesprochen hatte, doch Mara hörte mir aufmerksam zu, und bis hierhin merkte ich kein Anzeichen von Wut in ihrer Stimme oder ihrem Gesicht.

Sie fragte nur ganz simpel, ob ich eine Lösung dafür hätte.

Ja, die hatte ich, beziehungsweise Dave hatte die, aber das durfte ich verdammt noch mal nicht sagen, also servierte ich die Sache in Häppchen.

Das erste Häppchen: mehr lokale Bands.

Kam super an. Sie zuckte mit den Schultern und meinte, sie sei absolut dafür.

Das zweite Häppchen: Hip-Hop. Ui, da brauchte sie schon mehr Gesichtsmuskulatur. Kein Wunder, der Opener des Open Airs hatte wirklich beschissene Werbung für das Genre gemacht. Mara biss sich auf die Unterlippe und sah mich hilfesuchend an, und ich verwarf die Hände in einer Geste, die zeigte, dass ich das auch blöd fand, dass es aber so war.

Das dritte Häppchen: House und Techno.

Wo sie vorhin ihren Widerwillen noch etwas amüsant gefunden hatte, ließ sie nun einfach die Schultern hängen.

Ich stellte meinen Becher auf den Boden, um das gestische Arsenal zweier Hände zur Verfügung zu haben. «Wir müssen ja nicht den *ganzen* Laden danach richten. Wir ... machen einfach zwei Teile (hier zog eine Hand von mir eine Trennlinie durch ein imaginäres Drittel). Hier machen wir den Techno- und Hip-Hop-Quatsch hin und hier bleibt alles beim Alten.»

«Das da.» Sie umkreiste den Techno-Teil mit einem Finger und verzog das Gesicht. «Das hat nichts mit uns zu tun.»

Ich wiegte den Kopf. «Na ja, ich meine, schau, du tanzt ja auch gern zu Techno.»

«Im Ausgang.»

«Ja, und?»

«Du trinkst ja auch Bier im Ausgang. Deswegen machst du noch keine Brauerei auf.»

«Also das hat jetzt wirklich gar nichts mit –»

«Und Pierre wird das sowieso nicht zulassen. Ich glaube, darüber müssen wir gar nicht erst diskutieren. Er sagt selbst, Hip-Hop ...»

«... ist für ihn keine Musik, ich weiß. Und dass die wenige Musik, die im Hip-Hop vorkommt, geklaute Samples sind.»

Mara seufzte. Ich beobachtete sie. Wütend war sie nicht. Sie wusste, dass mein Plan die einzige Idee war, die wir hatten. Etwas anderes gab's nicht, alle Asse waren gespielt. Aber sie hatte einfach null Komma null Bock auf meinen Plan, der genauso aus irgendeiner BWLer-Klappe hätte kommen können.

«Verstößt das nicht irgendwie auch gegen unsere Philosophie?»

«Warum denn?»

«Da locken wir ja völlig andere Leute an als bisher.»

«Gut, das ist ja auch der Plan.»

«Schon, aber wollen wir diese Leute wirklich im Laden haben? Hippe Kids, die zu uns kommen, um Ballersound zu kaufen?»

«Ich glaube, wir können es uns nicht mehr leisten, unsere Kundschaft selbst auszuwählen. Diese Zeiten sind vorbei. Wahrscheinlich schon lange.»

Mara wollte etwas sagen, widersprechen, doch ihr Mund blieb offen stehen.

«Es muss ja nicht von heute auf morgen passieren», kam ich ihr zuvor. «Das kann auch eine Weile dauern, aber schau doch, was sich heutzutage verkauft. Keine Sau hört mehr Zappa.»

«Ich will mich aber nicht an *heutzutage* anpassen», sagte sie in einer plötzlichen Entschlossenheit. «Ich will nicht, dass diese Moshpit-Kids von diesem sexistischen Scheißkonzert von vorhin in unseren Laden kommen, ich will nicht, dass der ganze Laden voll ist mit DJs oder irgendwelchen Touris, die ein Souvenir holen kommen. Darum geht es für mich bei Musik einfach nicht. Und jetzt darfst du widersprechen.»

Clever. Natürlich widersprach ich nicht, natürlich sagte ich nicht, dass Musik auch ein Mittel zum Zweck war, aber schlussendlich waren wir eben ein Geschäft und Geschäfte machten Geschäfte, sonst hätte man sie ja nicht so genannt. Und am Ende war's eben immer dasselbe Prinzip: Produkt geht raus, Kohle kommt rein.

Ich griff mir jetzt gleich eine ganze Handvoll Häcksel zum Rumfummeln und wollte mehrfach was sagen, irgendein cleveres Argument finden, bis ich kapierte, dass wir ja irgendwie auf derselben Seite standen.

«Siehst du gar keine Chance dafür?», fragte ich stattdessen vorsichtig, und sie schaute mich etwas verzweifelt an: «Ich weiß es einfach nicht, ich glaube, das wären dann einfach nicht mehr *wir*. Du kennst das Drittel noch nicht so lange, du kannst dir gar nicht vorstellen, wie lange diese Beständigkeit schon anhält. Da hängen teilweise noch dieselben Platten an der Wand wie an dem Tag, als ich zur Welt gekommen bin. Und das muss so sein, wir *leben* ja gewissermaßen im Drittel. Und so eine schicke Techno-Abteilung hat einfach nichts mit uns zu tun. Das kauft uns doch keiner ab. Sonst könnten wir uns ja gleich Rundum nennen. Und Pierre wird diese Idee sowieso in der Luft zerreißen.»

«Also null Chance?»

«Zwanzig Prozent.»

«Nur?!»

«Ist noch optimistisch.»

«Dann setz dich für mehr ein. Dreißig, komm schon, Hand drauf.»

Sie atmete tief ein. «Ich ... ich muss mir das echt überlegen, Milo. Aber ich will, dass du eines weißt.» Sie hob den Becher zum Anstoßen. «Ich bin dir extrem dankbar für all die Mühe, die du dir gibst, echt!»

Sie blinzelte mich freundlich an und unsere Becher stießen mit einem jämmerlichen Geräusch aneinander.

Wenigstens ein paar Pluspunkte.

Ich leerte den Spuckschluck, in dem zwei Moskitos abgesoffen waren, und stellte den Becher auf den Boden.

Beim Open Air lief wieder Hip-Hop.

9

Einem guten Freund beim Packen zuzusehen ist eine schlimme Sache. Dabei helfen zu müssen noch schlimmer.

Es war noch eine gute Woche hin bis zu Robins Abreise, doch er wollte sicherstellen, dass er auch wirklich alles dabeihatte, um sich in Südportugal wohlzufühlen.

Ich hatte ihm zum Abschied eine CD für seinen Walkman gebrannt, mit all seinen Lieblingsliedern und diesen paar besonderen Songs, die in unserer gemeinsamen Freundschaft eine Rolle gespielt hatten. Ich bewahrte die Scheibe jedoch für den Moment des Abschieds am Bahnhof auf.

« Wer kümmert sich eigentlich um deine komischen Urzeitkrebse, während du weg bist ?», fragte ich und beobachtete Robin, wie er seinen merkwürdigen mexikanischen Kaktus, der angeblich high machte, mit einer Pipette goss.

« Sie heißen Triops», meinte er angestrengt. « Und sie sind tot.»

« Mhm ... Und was passiert eigentlich mit deinem Zimmer, während du weg bist ?»

« Ben hat sich bei mir gemeldet», nuschelte Robin geistesabwesend und zählte die Tropfen.

« Wow, warte, Ben ?! Der lebt doch zufrieden in seinem Loch, wo –»

« Er hat seine Lehre abgebrochen.»

« Ohne Scheiß ?»

Er verstaute die Pipette. « So. In einem Monat muss man wieder. Falls ich dann noch nicht zurück –»

« Jaja, gießen, zwanzig Tropfen, ich weiß, sag jetzt, was mit Ben los ist, der hat nicht ernsthaft kurz vor Schluss seine Lehre abgebrochen ?»

Robin zuckte mit den Schultern. «Ich hab's auch nicht kapiert. Er meinte, er ramme seinem Chef sonst ein Käsemesser in den Rücken.»

«Warum ausgerechnet ein – egal. Er hasst seinen Job doch schon seit zwei Jahren. Warum jetzt aufhören?»

Robin seufzte und machte einen Blick, der ausdrückte, dass er es auch nicht verstehen konnte, aber Ben eben manchmal die dümmstmöglichen Entscheidungen traf und nicht mehr von ihnen abließ.

«Manchmal glaube ich, der legt es darauf an, sein Leben kaputt zu machen», sagte ich genervt. «Und jetzt zieht er hier ein, oder was?»

«Nur, wenn er nichts anderes findet», besänftigte mich Robin und begann schon wieder, in einer Kleiderschublade zu wühlen.

«Du wirst dein Zimmer nicht mehr wiedererkennen, das ist dir schon klar?»

«Veränderung ist gut», haute Robin eine Floskel raus, um sich auf seine Suche konzentrieren zu können. «Der passt schon auf. Und sonst gibt's ja noch dich.»

«Genau», wiederholte ich trocken. «Sonst gibt's ja noch mich...»

10

Okay, früher oder später hatte Mara mich ja erwischen müssen. Dass es mitten bei einem Pink-Floyd-Coverband-Konzert war, während ich mit besoffenen Boomern *Another Brick in the Wall, Part II* grölte, hätte ich jedoch weniger gedacht. Wrap up: Der frisch arbeitslose Ben und ein überenthusiastischer Dave auf der Suche nach *Vintage*-Inspirationen hatten mich mitgenommen zu diesem kleinen, lausigen Konzert mitten in der Innenstadt. Es war gratis und Ben schwor mir, mich auf seinen Nacken abzufüllen, und mehr Argumente hatte es eigentlich auch nicht benötigt. Eigentlich war es keine Überraschung, dass Mara auch hier war, und es war auch keine Überraschung, dass sie uns drei als einzige U60-Jährige zwischen all den schwankenden, angesoffenen Männern sofort erkannte.

Ich werde den Moment nie vergessen: Das Tippen ihrer Finger auf meinen Schultern. Trotz allem noch immer im Rhythmus zu Pink Floyd.

«Du hast dir im Ernst von *dem* Typen einreden lassen, wie du das Drittel umzubauen hast?!»

Sie hatte mich auf die Treppe einer Kirche geschleppt, unweit des Konzerts, sodass die Musik immer noch gut zu hören war. Ich konnte ihre Stimmung nicht einschätzen, also ja, scheiße war sie natürlich schon drauf, aber ob sie wirklich wütend auf mich war, konnte ich nicht erkennen. Manchmal lachte sie, aber das war mehr so ein abschätziges, einseitiges Harrison-Ford-Grinsen.

Jeder Erklärungsversuch meinerseits lief ins Leere. Was hätte ich auch sagen sollen? Dave machte eben Kohle und wir nicht, das war ja eigentlich schon alles, mein bestes Argument.

Meine hehren Ziele, das Drittel und damit auch meine und Maras Lebensgrundlage zu retten, schienen bei ihr nicht ganz anzukommen, auch wenn ich das alles fein säuberlich vor ihr ausbreitete und penibel darauf achtete, ja nicht zu erwähnen, dass meine Verliebtheit in Endstufe die grundsätzlichste aller Ursachen war. Sie hörte mir geduldig zu, grätschte mir bei keinem Satz rein, wirkte geradezu leidenschaftslos und zog ein Gesicht wie nach dem letzten Roger-Waters-Album. Dabei hätte sie mir doch voller Inbrunst das Maul stopfen und danach den Kopf vom Hals reißen müssen. Und als ich bereits das Gefühl hatte, dass wir vielleicht gerade auf eine Art merkwürdigen Konsens zusteuerten, als ich glaubte, sie würde nach meinem Vortrag gleichgültig mit den Schultern zucken und meinen: «Gut, warum auch nicht», da fasste sie mir mit einer Hand sachte an die Schulter und ließ meinen Erklärungsdurchfall sofort verstummen.

«Ist okay, Milo», meinte sie tonlos. «Brauchst dich nicht rauszureden. Ich verstehe dich.»

Ich stutzte. Hä?! «Echt?»

«Natürlich. Du willst das Drittel retten. Das wollte ich auch.»

Wollte?!

«Wollte?»

«Aber es bringt nichts mehr.» Sie machte eine kurze Pause und scharrte mit dem Fuß auf einem Zigarettenstummel herum. «Pierre hat einen Vertrag unterschrieben ... Ein Ladenlokal in Freiburg. Wir ziehen um.»

Ich wäre am liebsten heulend in die Kirche gerannt. Stattdessen schluckte ich den Kloß aufkeimender göttlicher Anflehung herunter, richtete den Blick kühl in die Ferne und äußerte das trockenste, tonloseste «Aha», das je irgendwer in der Menschheitsgeschichte gesprochen hatte (und das ich danach nie wieder so hingekriegt habe). Ich hatte voll und ganz verstanden. Keine Fragen mehr. Ein fetter Schlussstrich voller Frust und Verachtung für das, was geschehen war, gepackt in drei kleine, tonlose Buchstaben.

Und die saßen. Das merkte ich sofort. Mara biss sich verzweifelt auf die Unterlippe und schaute mich mit gestauchten Wimpern an, wartete darauf, dass da noch irgendwas aus mir rauskam.

Aber ich stand auf. Ich stand wirklich einfach auf, schaute zu ihr runter, nickte förmlich, zupfte mir die Jacke zurecht. «Schön für euch», sagte ich höflich und drehte mich, noch während Maras Schultern Richtung Erdboden sackten, um und lief zu fucking *Wish You Were Here* davon. Ich hätte heulen können.

Beim Bierzelt saß Pierre allein an einer Festbank und starrte in sein Bier, als er mich sah. Er kapierte sofort, Mara musste ihm gesagt haben, dass sie mir alles offenbaren würde. Er wollte etwas sagen und aufstehen, doch ich schnitt ihm das Wort mit einem kühlen Fahrtwind ab, sodass er kapierte, dass er jetzt wenigstens ein verdammtes Mal gerade nichts zu melden hatte. Dieser Moment gehörte mir, das war meine Show, mein verdammtes Finale.

Ob ich wütend auf ihn war? Hm. Ich war verdammt wütend auf ihn, weil er diesen Scheiß sicher schon seit Wochen hinter meinem Rücken geplant hatte, während ich wie ein Idiot eine ganze Website aufgezogen und mit Mara den halben Laden hochgeladen hatte.

Ich hätte ihm eine Beleidigung zurufen sollen, dachte ich mir, etwas Böses wegen seines Alters oder seiner gescheiterten Ehe, doch ich schnappte mir im Sinne der Schadensbegrenzung Ben und Dave und sagte ihnen, dass ich keinen Bock mehr auf das Konzert hatte und mich besaufen wolle, was glücklicherweise deckungsgleich mit ihren Interessen war. Ben meinte, er kenne einen lauschigen Laden, um sich zu besaufen, und wir liefen los. Unterwegs erzählte ich ihnen ohne Rücksicht auf objektive Berichterstattung, was soeben passiert war.

«Haben meine ganzen Vorschläge denn nichts gebracht?», fragte Dave, der neben Bens solidarischem Gezeter gegen Pierre recht ruhig geblieben war.

«Die wollen doch nichts davon wissen», sagte ich und merkte, dass ich Mara jetzt ins gleiche Boot zu Pierre gesetzt hatte. Tatverdacht Mitverschwörung. Es galt die Schuldvermutung.

«Die hassen das Rundum bis aufs Blut», erklärte ich ihm. «Sie haben Riesenschiss, weil dein Laden besser läuft und sie das ganz genau wissen. Statt zu schauen, was du besser machst, verachten sie lieber alles, was mit dem Rundum zu tun hat, und schieben die Schuld auf die Kundschaft.»

Er schüttelte traurig den Kopf. «Schade. Ich hatte gehofft, es würde sich etwas entwickeln zwischen meinem und deinem Geschäft, eine Kooperation, eine Collab, ich hätte coole Ideen gehabt.»

Ben grätschte mit einer wüsten Beleidigung rein, aus der gut herauszuhören war, dass er gerade eine schwere Phase durchmachte, generell hatte er heute schon gesoffen wie ein Loch, wie er es, wie ich gehört hatte, auch schon die letzten drei Tage gemacht hatte. Seit der Freistellung aus seiner Lehre machte er einen recht beschissenen Eindruck, was alle checkten und doch nichts dagegen unternehmen wollten, weil es bedeutet hätte, Ben mal psychologisch so richtig durchzuchecken. Und dafür brauchte man Erfahrung und Nerven. Also nannten wir es einfach eine Phase und machten weiter wie immer. Aber gut. Für diesen Abend gab er alles, mich in meinem Frust zu unterstützen, und spendierte mir unter dem Vorwand, das sei sein letzter Lehrlingslohn und er wolle nichts mehr damit zu tun haben, ein Bier nach dem anderen.

Er sah es als eine tiefe Verbindung, dass wir beide gewissermaßen unseren Job verloren hatten, und laberte mich am Tresen einer Yuppie-Bar, die ich mir ohne seine momentane Geldpolitik nicht hätte leisten können, damit zu, wie wir beide viel zu lange gebraucht hätten, um zu kapieren, wie scheiße wir in unserer Arbeit behandelt wurden.

Als er seinen Lehrmeister, der ihm gedroht hatte, ihm mit dem Käsemesser die Ohren abzuschneiden, mit Pierre verglich, musste ich ihn dann doch mal bremsen. «Weißt du, Pierre war okay zu mir. Also, ich meine, man kann's nicht damit vergleichen, wie sie dich behandelt haben. Aber was er jetzt abgezogen hat, das war einfach das Allerunterste.»

Ben machte ein verächtliches Geräusch. «Alter, du schuldest denen gar nichts. Hab mehr Mut, geh hin und sag, dass sie dich scheiße behandeln.»

«Um dann rauszufliegen wie du?»

«Ich habe *gekündigt*. Außerdem fliegt ihr ja sowieso raus, spielt doch eh keine Rolle mehr. Und was wird jetzt eigentlich aus Mara und dir?»

Ich lächelte bitter. «Da war ja nie was.»

«Bist du wütend auf sie?»

Ja, wenn ich das gewusst hätte.

«Wärst du es denn?», fragte ich ihn, und er bejahte sofort, was aber auch daran lag, dass er das mit Mara und mir sowieso schon immer für keine gute Idee gehalten hatte.

«Das ist doch schon lange viel zu kompliziert, Milo. Ihr steht euch seit einem Jahr auf den Füßen herum und kriegt's trotzdem nicht hin.»

Er nickte in der festen Überzeugung, gerade etwas sehr Wahres gesagt zu haben, und nahm einen Schluck aus einem ominösen Cocktail. «Ihr habt's verkackt. Außerdem warst du viel zu besessen mit diesem Laden. Ich meine, du hast dich fast jedes Wochenende dort verkrochen, bist nicht unter die

Leute gegangen. Dein Leben drehte sich nur noch um Mara und Schallplatten.»

Good times ...

«Machst du mich jetzt fertig, oder was?»

«Im Gegenteil! Ich zeige dir, dass dir glorreiche Zeiten, geile, glorreiche Zeiten bevorstehen, jetzt, wo du den ganzen Scheiß endlich vergessen kannst.»

Ich wusste nicht, was für Ben *glorreiche Zeiten* waren, doch sie schienen Grund genug, dass er mir einen ekelhaft blauen Cocktail bestellte.

Wir nippten an den Drinks, auf einem Bildschirm lief das Musikvideo von *La Vida Loca* und das alles fühlte sich mehr nach schlechtem Spanienurlaub als nach neuem Lebensabschnitt an.

«Du bist doch ein hübscher Kerl, Milo», versuchte Ben seine These weiter zu veredeln. «Gib dich mal wieder hinein in die Stadt, lern andere Leute kennen –»

Und so weiter und so fort, was man eben sagt, wenn man besoffen mit seinem Freund in einer ranzigen Bar herumhängt und beide gerade ihre Lebensgrundlage verloren hatten. Neustart eben. Die beste Zeit, nicht wahr, kommt schon, gebt's zu, diese Umbrüche haben doch was, die Welt zu Füßen, richtig?

Was für ein Bullshit.

«Wir brauchen Jobs, Ben, keine Partys. Ich muss mich für irgendein Studium einschreiben, und du brauchst einen neuen Lehrbetrieb.»

Er winkte ab und klopfte ermutigend auf den Tresen. «Das kommt schon, Milo. Jetzt denk nicht nur an das, was du scheiße findest. Ich meine, wie viel Zeit hast du damit verschwendet, über Mara und diesen Laden nachzudenken?»

«Zu viel.»

«Eben. Das wird jetzt alles anders. Jetzt bist du frei, erlöst!»

Ich hob skeptisch eine Augenbraue. Die Jukebox spielte *Thriller.* «Meinst du wirklich?»

«Hundertpro, Milo.»

Ben hatte nicht recht.

Das kapierte ich am nächsten Morgen, nein, eigentlich hatte ich es schon in dem Moment kapiert, als er es gesagt hatte. Doch er hatte es eben so überzeugt gesagt, dass ich mich von ihm verführen ließ, die ganze Nacht in der Bar herumzuhängen und insgesamt zehn Franken an die Jukebox zu verlieren, um meine Lieblingslieder gemeinsam mit den anderen sieben Leuten in der Bar mitzusingen. Ich wusste auch, als ich zu *I'm Not in Love* von 10cc durch den Nieselregen heimfuhr, dass das Drama jetzt wahrscheinlich erst noch losgehen würde, und spätestens am nächsten Morgen hämmerten mit dem Kater nur Gedanken ans Drittel in meinem Kopf. Ich war mir ziemlich sicher, dass ich Liebeskummer hatte, auch wenn Ben mir schrieb, dass das nur vom Alkohol kam. Not in fucking love, richtig?

In der Stimmung, ein neues Leben zu planen, war ich jedenfalls nicht, und meinen Eltern wollte ich auch nichts sagen, weil ich ihnen diesen Triumph nicht gönnen wollte, dass sich ihre steten Warnungen davor, wie unsicher meine Arbeitsstelle beim Drittel doch sei, jetzt bewahrheitet hatten.

Robin war so nett, mir für die letzten paar Tage seinen Walkman und eine CD mit esoterischen Klängen auszuleihen, die mich ehrlich gesagt tatsächlich beruhigten.

Im Online-Schichtplan des Drittels trug ich mich in die freien Morgenschichten ein, in denen ich garantiert weder Mara noch Pierre über den Weg laufen würde. Ich schaffte es sogar drei Tage lang, dann kam am vierten jedoch Pierre reingeschneit und schaute mich mit so einem beschissenen Mitleidsblick an. Als ob mich ein höheres Schicksal gedemütigt hätte, als ob hier höhere Mächte am Werk wären, denen ich ausgeliefert war. Ich hatte keine seltene Krankheit, ich war allein wegen Pierre am Arsch, nur wegen ihm, von wegen Schicksal oder so. Hier ging es um Schuld, und die wurde von einem konkreten Verantwortlichen getragen, und das war der Typ mit der Mitleidsmiene, der mir in einem miserablen Vortrag erklärte, warum dieser Schritt für ihn notwendig sei. Als ob es bei alldem nur um ihn ging. In Freiburg könne er weiterhin seinen Traum umsetzen, die alten Schallplatten zu verkaufen, dort würde das boomen, Studentenstadt und so, das wüsste ich ja, die hörten gern noch das alte, gebrauchte Zeug, und einen Umbau könne und wolle er sich nicht leisten. Außerdem könne er schon im nächsten Monat rein in das neue Ladenlokal.

Jetzt ging es also plötzlich ganz schnell.

Während seines Gelabers beschriftete ich unbeeindruckt Preisschilder, sodass er am Ende unsicher fragte, ob das für mich okay sei, woraufhin ich kurz tonlos lachen musste; es klang mehr nach einem verschluckten Dar-Vida-Krümel. Und wenn ich Nein sagte, wenn ich sagte, das sei nicht okay für mich, dass er mit meinem Leben einfach nach Freiburg verschwand? Hätte er es sich dann anders überlegt?

«Ist okay», murmelte ich teilnahmslos, und Pierre seufzte laut wie ein Vater, der sein trotziges Kind nicht von etwas überzeugen konnte. Dann haute er einfach wieder ab. Einfach so. Keine Entschuldigung, kein Wort, wie es denn jetzt mit mir weitergehen könnte. Einfach weg.

Ich stellte die Platte von Al Green lauter, weil eh niemand im Laden war. Immerhin war Mara so gnädig, nicht während meiner Schichten aufzukreuzen.

Ich schaute aufs Handy. Nachricht von Mara. Wie es mir ginge. Scheiße, wie ihr auch. Ich antwortete erst mal nicht. Ich brauchte Zeit, ganz viel Zeit, am besten weit weg vom Drittel und von ihr und Pierre und der ganzen Musik, warum hörte ich eigentlich schon wieder so traurige Liebesschnulzen?! Vielleicht hätte ich auch einfach verreisen sollen, mit Robin ab ins Algarven-Märchenland. Ich schrieb Dave und Ben, ob sie noch mal Bock hätten, heute Abend rauszugehen, doch sie hatten beide keine Zeit, und so beschloss ich, den Abend mit Robin zu verbringen, der morgen Mittag schon seine Reise antrat. Das war jetzt auch einfach verdammt schnell gegangen.

Wir saßen bei uns in der Küche und Robin hatte schon jetzt wässrige Augen, was sich noch verstärkte, als Rita kam. Ich holte aus meinem Zimmer die selbstgebrannte CD, die ich ihm ja eigentlich erst morgen hatte geben wollen, doch um einen Heulkrampf auf dem Bahnsteig zu vermeiden und seinen letzten Abend nicht vor der musikalischen Kulisse der DRS-3-Chartshow stattfinden zu lassen, zog ich das Geschenk etwas vor. Die CD war von mir in krakeliger Schrift mit lila Edding bezeichnet worden. Auf die erste Version hatte ich versucht, wilde psychedelische Muster zu zeichnen, weil er die so mochte, und daraufhin eine neue brennen müssen.

Seine Augen wurden noch feuchter. Ich legte die Scheibe in meinen Laptop, weil wir keinen CD-Spieler hatten, und musste sie per Kabel an Robins JBL-Lautsprecher anschließen. Ich hätte wirklich eine Spotify-Playlist machen sollen, doch Robin hielt so unglaublich gern Dinge in den Händen und behandelte sie wie Schätze, und es war außerdem ein cooles Gefühl gewesen, im Interdiscount eine CD zu kaufen. Gut, eine war es nicht, für die achtundvierzig anderen aus der Packung musste ich noch irgendeine Verwendung finden. Ich hätte sie Pierre an den Kopf schmeißen können, der liebte doch analoge Sachen.

Egal. Heute war Pierre weit weg. Auch wenn er gefühlt hinter der Küchentür lauerte, heute ging es um Robin, und zwar nur um ihn, und vielleicht auch ein bisschen um mich, schließlich war ich sein offiziell zertifiziert bester Freund, was er an diesem schönen, traurigen Abend zigfach wiederholte.

Er benahm sich heute wirklich wie ein Priester. Er zündete wieder Kerzen in pastoraler Sinnlichkeit an, pustete das Streichholz andächtig aus, schloss die Augen und hörte dem vertrauten Tropfen unseres Wasserhahns zu, als sei es das Meeresrauschen. Und immer, wenn er wehmütig wie ein Sterbender seine schönsten gemeinsamen Erinnerungen zum Besten gab, dann bebte seine Unterlippe dermaßen, dass Rita auf ihrem Stuhl in andauernder Tröstbereitschaft hin und her rutschte. Diese andächtige Stimmung, mit der er die ganze Küche erfüllte, brach erst auf, als auf der CD die ganzen Rapsongs kamen, die er früher gepumpt hatte. Ja, ich hatte wirklich *alles* draufgepackt, auch diese – sorry – schäbigen Assisongs von damals, als er mit seiner damaligen Crew abhing; stille Typen mit komischen Mützen und Kappen, immer musste er irgendwas auf dem Kopf haben, meine Güte, wie fettig seine Haare damals waren! Und wie lang! Durch Kiffen und Eckhart-Tolle-Hörbücher wurde Robin dann innerhalb eines halben Jahres zu dem latent soziophoben Teilzeitbuddhisten, der er heute war und den ich von allen Robins mit Abstand am meisten liebte. Darum wollte ich wenigstens heute versuchen, in Frieden mit seiner Entscheidung zu sein, in Frieden damit, dass er einfach ging, und in Frieden damit, dass er sein Zimmer der Apokalypse Ben überließ. Ihm zuliebe einen Abend lang versuchen, ein bisschen buddhistischer zu sein.

11

Es war halb sieben Uhr morgens, im Taxiradio NRJ sang Tones and I ihr nervtötendes *Dance Monkey* zum viermilliardsten Mal, draußen ein Himmel wie Thüringer Pflaumenmus.

«Bitte nicht mitsummen», sagte ich zu Robin. «Das ist eine enttäuschende letzte Erinnerung an dich.»

Also hörte er auf, pfiff stattdessen leise Griegs Morgenstimmung und das passte wirklich hervorragend zu dem dunklen Blau des Morgens, den Menschen, die mit Pappbechern in der Hand auf den Bus warteten, dem Lärm der frisch gestarteten Baggermotoren, bereit, um noch ein bisschen mehr Stadt zu fressen, und der Bahnhofsstimmung, Ankünften und Abschieden und Wiedersehen und Einwegkaffeebechern. Stress, Stress, Stress.

«Hast du alles?», fragte ich kurz vor Ankunft, um die Stille zu brechen.

«Ich habe wirklich keine Ahnung», sagte er, meinte es vollkommen ernst und lächelte dabei.

Am Bahnhof brachte ich ihn auf das super exotische Gleis 31, von dem in der Regel nie irgendwer wieder zurückkehrte. Um ihn herum stand eine Kleinfamilie aus Gepäckstücken, eine Mauer, die ihn vor zu viel Ungewohntem schützte.

Der Zug wartete bereits am Gleis, und da Robins Hirn die Lage noch nicht ganz erfasst und die Tränenproduktion deswegen noch nicht hochgefahren hatte, verabschiedete ich mich bereits jetzt von ihm und drückte ihn an mich. Sein grüner Fleecepulli war warm und roch nach dem Erdbeerwaschmittel, von dem ich vermutete, dass es sicher auch in irgendeiner dieser tausend Taschen verborgen lag. Ich schaute ihm tief und lange in die Augen, gab ihm dann mein schönstes Kurz-vor-sieben-Lächeln und sagte ihm noch: «Und glaub nicht alles, was dir die Hippies erzählen.»

Er grinste und blinzelte mich freundlich an, dann griff er nach all seinen Taschen und bugsierte sie in den Zug.

Und so verschwand er.

Ich nahm die Rolltreppe hoch, starrte oben jedoch weiterhin auf den Zug und ließ ihn nicht aus den Augen, bis ich sah, dass er es sicher um die erste Kurve geschafft hatte.

Ich fühlte mich nicht traurig. Noch nicht. Ich wusste, dass das bald kommen würde, spätestens dann, wenn der letzte Gestank der Räucherstäbchen verflogen war, wenn ich abends durch die Tür kommen und nicht das Poltern und darauffolgende Quietschen seiner Zimmertür hören würde.

Und schon wurde ich traurig, angenehm traurig, denn um Robin zu heulen war definitiv einfacher, als dem Drittel nachzutrauern.

12

In den nächsten Tagen kamen zwei Besuche vorbei, die mein Leben völlig auf den Kopf stellten.

Der erste war Ben. Obwohl Pia noch versucht hatte, mich vor ihm zu warnen. Ich glaube, die beiden hatten vor Urzeiten, als es noch Dinosaurier gab, mal was miteinander und standen jetzt in völlig verschiedenen Lagern, und Ben war in manchen Bereichen sicher ein Inbegriff dessen, was Pia gepflegt als asoziale, moderne Machowichser bezeichnete. Jedenfalls war das mit dem Zimmer ja Robins Entscheidung, und so wehrte ich mich auch nicht groß, denn während unseres ersten intereuropäischen Telefonats von der Atlantikküste an die großstädtischen Herbstpfützen meinte Robin, dass er das « voll schön » fände, wenn sein Zimmer einen Nutzen für jemand anderes hätte, während er weg war. Tja. Scheiße gelaufen, sein Aufenthalt in Portugal gefiel ihm übrigens blendend, immer Sonne, weniger nackte alte Männer als gedacht, tolle Community; in einer Seelenruhe listete er mir auf, wie ihm sein Leben dort gefiel, sodass ich Gänsehaut vor Neid bekam.

Wie auch immer. Ben kam mal zum *Abchecken*, wie man in der Branche sagte, und brachte die obligatorischen Ankerdosen mit.

Es war ein verregneter Donnerstagabend, Robin seit einer Woche weg, Mara und ich waren uns tatsächlich noch immer nicht über den Weg gelaufen, der Riss zwischen uns hatte Pierre gezwungen, momentan eigentlich allein im Drittel zu arbeiten, was ich aber voll in Ordnung fand, schließlich hatte er den Laden ja selbst an die Wand gefahren.

«Wie geht's dir?», fragte ich Ben. Wassertropfen perlten über die große weiße Plastiktüte vom Inder, die randvoll mit Dosen war.

«Absolut beschissen», sagte er und strahlte, zwängte sich in die Wohnung, um Robins Zimmer zu inspizieren. «Nicht schlecht, Mann. Bisschen abgespaced, was meinst du?»

Er zupfte an einem aufgehängten Elefantentuch, um zu schauen, wie leicht es von der Wand zu lösen war. Ich zuckte mit den Schultern. Nach fünf Sekunden befand Ben dieses Zimmer als geeignet, um es in Chaos und Verderben zu stürzen, und hielt mir ein improvisiertes Kurzreferat, was er alles ändern würde, wenn er könnte.

Er verwischte seine Vision mit einer ruckartigen Geste und lief in die Küche, die er ja schon kannte von den Gelagen, die er hier bereits abgehalten hatte, unter anderem auch mit mir. Ich konnte mir beim besten Willen nicht vorstellen, wie Ben in dieser Wohnung leben sollte.

Er war ein wenig in diesem hypercharismatischen Einschleimermodus und zwängte mich auf den Küchenstuhl, schob mir ein nasses Dosenbier zu, das ich reflexartig und unter wohlwollendem Nicken seinerseits öffnete, und wollte dann mal ganz genau wissen, wie es mit mir und Mara aussah. Seine eigenen Probleme, von denen es mehr als genug gab, ließ er komplett verschwinden und er schaffte es für einmal, mir das Gefühl zu geben, dass es ihn *wirklich* interessierte, wie es bei mir aussah, und er nicht einfach gute Gesprächsthemen zum Saufen brauchte.

Wir leerten schlussendlich die ganze Tüte, und Bens Seelsorge war gewissermaßen erfolgreich gewesen, schließlich meinte ich, als ich später bei der Verabschiedung angetrunken im Türrahmen stand, dass ich jetzt langsam dabei wäre, über Mara und das Drittel hinwegzukommen.

Und dass ich mich auf seinen Einzug freute. Was in dem Moment sogar stimmte.

Der zweite Besuch hätte nicht stärker im Widerspruch zum Gespräch mit Ben stehen können und ereignete sich dennoch gleich am Tag darauf. Ich hatte mittags ein paar alte Schulkollegen getroffen, die knietief in ihren Bio- und Medizinstudien rumwateten und generell einen erstaunlich reifen Eindruck machten und mein Selbstwertgefühl kurzfristig senkten.

Jedenfalls blieb ich abends zu Hause und schaute den Woodstock-Film, den ich mir immer ansah, um mich aufzuheitern. Ich hatte mir dazu eine Cola und Chips geholt, weil man das doch so tat, wenn man Selbstliebe praktizierte, oder? Jedenfalls gammelte ich im Bett herum, die Finger waren fettig, und ich fühlte mich eklig und einsam, als es markerschütternd an der Tür klingelte.

Ja, ja, ich weiß, jetzt wissen natürlich alle schon, wer gleich die Treppe hochkam. Doch ich fiel, wie sagt man so schön, *aus allen Wolken,* als Mara unten durchs Treppenhaus zu mir hochschielte und lächelte, als sei nichts gewesen, als hätte ich sie, weil es gerade so toll lief, auf einen schönen Abend bei mir eingeladen, um Texte serbischer Prog-Rock-Bands zu übersetzen. Was ich niemals getan hätte. Es lief schließlich nicht gut, es lief beschissen, aber hui, an ihrem Gesang merkte ich's schon, da war Alkohol im Spiel. Ich zog eine erschrockene Grimasse, als ob sie ein Geist wäre, ein angetrunkener Geist, gekommen, um mich heimzusuchen. Ihre Schritte hallten endlos wider in den kalten, kotzfarbenen Gemäuern, und ich gab mir noch Mühe, die Haare zu richten, die Finger sauber zu lecken, und sowieso war es viel zu spät, um noch irgendwas zu retten.

«Hey, Milo», sagte sie erschöpft von den Stufen und breitete die Hände aus, im Sinne von «Tada, schau mal, hier bin ich», und ich empfing sie mit einem blöden Wallace-and-Gromit-Grinsen, aber gut, was hätte ich denn bitte tun sollen? Schmollen, sie anschreien, mit den Fettfingern fuchteln und sagen, dass sie ja keinen Schritt weitergehen solle, da ich bereits ein abendfüllendes Programm habe, und zwar, mich in Hippies auf alten Filmaufnahmen umzuverlieben, damit ich Mara endlich ein für alle Mal vergessen konnte, und dass es sowieso eine Frechheit war, dass sie jetzt hier einfach so gut gelaunt aufkreuzte?

Ich lud sie mangels Alternativen in meine Wohnung ein. Das mit dem Vergessen konnte noch ein, zwei Stunden warten.

Sie schob die Unterlippe vor und sah über die dezente Unordnung und den Geruch von Mayonnaise aus der Küche hinweg. Sie sagte nichts, lief mitten in mein Zimmer, warf den Rucksack aufs Bett und schaute, welche Platte auf meinem Plattenteller lag. Typisch.

«Scott Fagan», las sie vor. «Kenn ich nicht.»

«Der hat nur eine Platte rausgebracht», sagte ich und lehnte mich an den Türrahmen. «1968. Wurde als der nächste Elvis gehandelt. Heute hat er nicht mal einen Wikipedia-Eintrag.»

«Darf ich?», fragte sie vorsichtiger als üblich, und nach meinem Nicken stellte sie die Platte an, setzte sich auf die Bettkante, schloss eine Weile die Augen, um der (zugegeben grandiosen) Musik zuzuhören, lächelte dann und öffnete ihren Rucksack und holte eine Weißweinflasche hervor.

«Na?»

Ich musterte sie skeptisch. War das jetzt ein großes So-tun-als-wäre-nichts-geschehen? Ernsthaft?

«Warum auch nicht», sagte ich, und während ich allein in der Küche nach den zwei saubersten Gläsern suchte, ärgerte ich mich darüber, dass ich so verdammt *nett* war und bei diesem Spiel auch noch mitmachte. Also übte ich kurz vor dem verstaubten Spiegelchen eine ernstere Mimik, und als mein Gesicht nah genug an Zappa auf dem Albumcover von *Sheik Yerbouti* herankam, speicherte ich diesen Ausdruck und lief damit und zwei IKEA-Gläsern wieder zurück ins Zimmer.

Ich konnte die Visage sogar bis zum Anstoßen halten, doch da schaute sie mich mit einem Blick an, der freundlich sagte: «Komm schon, Milo, lass die Zappafresse sein und uns den Abend genießen.» Und außerdem sah sie toll aus und roch nach Wein, und ich vergaß schon für einen Moment, was geschehen war. Gewöhn dich nicht an diese Nähe, Milo, bald ist sie weiter weg denn je, und zwar mit voller Absicht, sagte mir mein Kopf. Doch es war zu spät. Ich hatte bereits gelächelt.

Ich merkte erst jetzt, dass mein Zimmer in einem absolut Mara-unwürdigen Zustand war; Joghurtbecher, Klamotten und die Taschentücher, meine Güte, aber jetzt vor ihr aufzuräumen, wäre ein Eingeständnis der Ergebenheit gewesen, also ließ ich es sein und verharrte im Gefühl höchster Unbefriedigung auf der Bettkante und wartete darauf, dass Mara endlich etwas sagte, denn wie sie wortlos der Platte lauschte, machte mich jetzt gerade, in dem Moment, wo es so viel zu diskutieren gab, wahnsinnig. Sie schob es offensichtlich auch weiter raus, so speziell war diese Fagan-Platte jetzt auch wieder nicht, doch sie brauchte noch drei kräftige Schlucke Wein, bevor sie ihren Kopf in meine Himmelsrichtung drehen konnte, kurz auf der Lippe kaute, das leere Glas auf den Boden stellte und dann die Hände flach auf ihre Oberschenkel legte.

«Wegen unseres Gesprächs neulich ...»

Ich war so nett, zu übernehmen. «Ich bin's am Verdauen.»

«Und wie läuft's damit?», fragte sie und musterte mich vorsichtig wie etwas, das jeden Moment in die Luft fliegen konnte. Lässig sein oder mich öffnen? Kalte Schulter zeigen oder die Wahrheit sagen?

«Nicht so fantastisch.»

Gute Wahl, Milo, sehr gute Wahl, geht doch! Sie nickte stumm, anscheinend das, was sie erwartet hatte.

«Möchtest du es noch einmal führen?», fragte sie wieder mit demselben Blick.

«Was?»

«Das Freiburg-Gespräch. Wir führen es nochmals. Als wär's das erste Mal.»

Ich fand die Idee blöd, doch ich konnte mir nicht helfen und musste gleichzeitig lachen. «Na gut», meinte ich fast beschwingt, weil es so absurd war.

Sie stand mit neuem Elan auf. «Warte hier!», meinte sie, lief aus dem Zimmer heraus und schloss die Tür.

Kurz gab es nur mich und Scott Fagan im Zimmer. Sie ließ sich Zeit.

Dann klopfte es.

«Herein?»

Sie betrat den Raum und lächelte mich an. «Hey, Milo! Schön, dich zu sehen. Wie geht's dir?»

«Noch geht's mir gut, danke.»

Sie brach ab und ließ die Schultern hängen. «Komm schon, spiel die Rolle, Milo.»

Ihr schien das irgendwie erstaunlich wichtig zu sein, also schwor ich nach einem Seufzen, mir Mühe zu geben.

Und wir wiederholten das Spiel und ich spielte meine Rolle diesmal richtig, und Mara setzte sich schließlich neben mich.

«Ich habe Neuigkeiten für dich.»

«Ach, *Neuigkeiten*?», fragte ich in überspitzter Freude. «Na, da bin ich aber gespannt, was du für Neuigkeiten hast.»

Sie schob die Unterlippe kurz beleidigt vor, ließ sich aber nicht aus dem Konzept bringen. «Also, hör zu, Milo. Wir haben von einem alten Kumpel von Pierre die Chance erhalten, supergünstig in ein Ladenlokal zu ziehen.»

Ich klatschte in die Hände. «Wahnsinn, das ist ja toll! Wo denn?»

Sie strahlte.

«In Freiburg. Die Stadt ist perfekt, Milo, da gibt's super viele Studis und die hören alles Mögliche an Musik. Wir können genau das weitermachen, was wir am besten können: tolle Secondhand-Platten zu günstigen Preisen verkaufen.»

Ich blinzelte sie an. «Das ist ja ... eine wundervolle Sache. Ich liebe Freiburg über alles. Tolle Stadt, wirklich. Ich wünschte, ich könnte mitkommen.»

«Ach, das ist ja ein Zufall. Das wollte ich dir nämlich sowieso vorschlagen!»

Jetzt fiel ich doch aus meiner Rolle und wurde ernst. «War das jetzt echt oder gespielt?»

«Ich weiß nicht ... Ich glaube, das war echt.»

Ich schüttelte irritiert den Kopf. Überraschung. «Du würdest wollen, dass ich mitkomme?»

«Warum nicht?», meinte sie reflexartig. «Ich meine ... Du hast ja eh keinen Job hier, wäre auch mal etwas Neues, Robin ist ja auch ausgezogen –»

«Vorübergehend.»

«Ja, vorübergehend. Und außerdem, so weit ist Freiburg ja auch nicht weg, du könntest immer wieder hierherfahren, wenn du Heimweh hast. Und die Uni dort ist der Wahnsinn!»

«Was ist an der denn so toll?»

«Keine Ahnung. Aber die Stadt ist voll mit jungen Leuten, da geht richtig was!»

Mara schenkte uns mehr Wein ein, und ich schaute ihr zu und dachte nur, dass der allerwichtigste Grund, ihr zu folgen, noch nicht ausgesprochen war, nämlich, dass ich mich hier und jetzt gerade mehr in sie verschossen hatte als je zuvor, sorry *10cc,* und ich hätte es ihr so gern gesagt, also leerte ich eilig mein Glas, leerte ein zweites und hielt ihr dann einen Vortrag, dass ich das Drittel sicher vermissen würde, und ja, eben ... irgendwie eben auch *sie* vermissen würde. Ich endete mit einem genuschelten «Ich verbringe wirklich gern Zeit mit dir», was sich anhörte wie das reumütige Schuldgeständnis eines Kindes, das Scheiße gebaut hatte, doch es genügte, um sie zum Schmunzeln zu bringen.

Sie ließ sich rückwärts in meine Richtung fallen, sodass ihr Kopf auf meinem Bein lag, und sie überlegte und musterte mich dabei mit akribischer Genauigkeit, als unternehme sie einen ästhetischen Tauglichkeitstest, und ich kam mir furchtbar unrasiert vor.

«Was machen wir denn jetzt?», fragte sie und schob ihren Mund danach nachdenklich von links nach rechts. Ich glaube, wir beide hatten an dem Punkt kapiert, in welche Richtung diese Geschichte jetzt ging, jedenfalls war ich nicht so blöd, aufzustehen und die Platte wieder umzudrehen, als sie fertig war, dafür hatte ich zu lange gewartet und zu viel schlechten Wein getrunken. Ich verharrte hier in der Poleposition und hörte Mara zu, wie sie laut vor sich hin dachte, während meine ekligen Chipsfinger wie von allein begannen, in ihren Haaren zu spielen.

«Bleib doch hier», schlug ich ironisch vor und grinste zu ihr runter, dass ich ein Doppelkinn bekam.

«Oder du kommst nach Freiburg», meinte sie schnippisch, und es war wieder eine Pattsituation, und noch bevor ich mir diesen urplötzlichen Gedanken durch den Kopf gehen lassen konnte, machten wir auf einmal miteinander rum.

Rodins Denker war ein Witz im Vergleich zu mir, wie ich am nächsten Morgen auf dem Küchenstuhl saß und den Boden anstarrte, bis mir vom Kachelmuster schwindlig wurde.

Schließlich spürte ich eine Hand auf meiner Schulter.

«Jetzt komm mal runter, Milo, du machst da eine viel zu große Sache draus.»

Es war nicht Mara, falls das jetzt wer gedacht hat. Es war Pia, die nach dramatischen Telegrammessages von mir nach zehn Minuten auf der Matte gestanden war.

«Es ist schon ein bisschen dramatisch», erwiderte ich und seufzte. Ich machte nämlich keine zu große Sache draus. Es war die größte Sache der Welt.

Pia sah das etwas anders: «Na ja, ich meine, ihr habt ein bisschen rumgemacht.»

«Zum. Ersten. Mal.» Ich fuchtelte verzweifelt mit den Händen herum und hätte fast den Kaffee vom Tisch geworfen.

Pia hatte eine Erbrecht-Vorlesung geschwänzt, jetzt wollte sie natürlich 1-A-Premium-Drama haben, was ich meiner Meinung nach ausnahmsweise auch mal wirklich lieferte.

«Das ist ein Plot-Twist», hielt ich fest, doch sie verneinte: «Das ist kein Plot-Twist, Milo. Ihr habt euch geküsst, ein bisschen rumgemacht, richtig?»

«So klingt's scheiße.»

«Sorry. Ich meine ja nur. Mehr war's doch nicht, also *noch* nicht, wer weiß das schon. Ist doch nichts dabei. War doch abzusehen, oder?»

Ich musste unwillkürlich lachen. «*Das* war nicht abzusehen. Dass die Beatles sich trennen würden, war abzusehen, das hier ist der ... Pistolenschuss ... auf John Lennon. Peng! Aus dem Nichts.»

«Mitten ins Herz», vollendete Pia sarkastisch und lächelte süffisant. «Ich habe einen Plot-Twist für dich, Milo.»

Ich hob die Augenbrauen, griff den Kaffee und überschlug die Beine wie ein Talkshowmoderator. «Da bin ich jetzt aber gespannt.»

Und sie ließ sich nicht bitten, o nein, mit der Kaffeetasse in sicherer Entfernung platziert eröffnete sie mir, dass Kiki ihr dieses Wochenende in einem Nebensatz gebeichtet hatte, dass sie eigentlich in einer monogamen Beziehung mit so einem Typen sei und das mit ihnen darum enden müsse.

«What?!», fragte ich. «Aber gut, der Plot-Twist geht an dich.»

«Eben», meinte sie, wütend und zufrieden. «Da hast du dein John-Lennon-Attentat.»

«Das tut mir echt leid, ich meine ... Es lief bis jetzt ja alles gut, oder?»

«Es lief fantastisch!», meinte sie verzweifelt und formte noch ein lautloses Schimpfwort mit den Lippen. «Es ist jetzt übrigens superpeinlich zwischen uns, und dem Typen hat sie es auch erzählt – und Überraschung: Er studiert mit uns.»

«Sitzt der jetzt gerade in dieser Erbrecht-Vorlesung?»

Pia nickte, und ich fühlte mich, als hätte ich das letzte Teil in einem 2000-Stück-Puzzle eingefügt. «Aber ich wäre trotzdem gekommen!», schob sie noch hinterher und hob eine schwörende Hand hoch. «Mein Leben wird ein Riesenchaos, Milo», gab sie zu, und ich war etwas perplex, dass sie plötzlich so offen solche Dinge sagte. «Ich kann doch mit den beiden nicht in den Vorlesungen herumsitzen, ich würde *explodieren*.»

«Auf wen bist du wütend?», fragte ich, und sie zuckte mit den Schultern und schüttelte den Kopf. «Für Drama ist die nächste Zeit jedenfalls gesorgt», meinte sie und lachte bitter, während sie den Kaffee auf ex runterleerte.

«Wir kriegen das hin», sagte ich platt, als wäre es wirklich eine Talkshow. Mein Ermutigungs-Game war leider beschissen. «Ich kriege meinen Scheiß in den Griff, und du deinen. Und in einem halben Jahr ...»

«... lachen wir darüber, schon klar. Fokussieren wir uns erst mal auf dich. Hast du Liebeskummer?»

«Ich habe so einen Liebeskummer, dass ich die halbe Nacht wach lag und überlegte, wie es wäre, nach Freiburg zu ziehen.»

Sie klatschte in die Hände. «Geht doch.»

«Ich weiß, es ist eine blöde Idee.»

«Na ja, nicht blöd. Nur sehr ... krass.»

«Sieh's mal so: Es geht ja nicht nur um Mara. Es geht darum, dass ich auch weiterhin im Drittel arbeiten kann. Du weißt ja, Platten sind mein Ein und Alles. Ich müsste hier in Idiotenorange Pizzen ausfahren zu den Villen der Politiker auf dem Bruderholz. Dabei will ich doch nur gute Musik an nette Menschen verkaufen.» Ich war unschuldig wie ein Küken. «Außerdem, Studium drängt ja eh auch. Meine Eltern haben angerufen, sie wollen, dass ich mich einschreibe. Und in Freiburg gibt's gute Sachen zum Studieren.»

Pia legte den Kopf schief, schaute mich an und lächelte. Sie mochte diese naive Seite an mir, weil sie langsam in das Alter von Lebenskrisen und Sonntagsbrunches kam und ich ihr im Vergleich dazu wohl erfrischend gutgläubig vorkam.

«Wenn's sich richtig anfühlt, tu es», meinte sie, schaffte es aber nicht ganz, es ehrlich zu meinen.

«Robin ist ja auch weg», argumentierte ich. «Den hat's auch fortgezogen.» Dann seufzte ich. «Dreh ich gerade durch?»

Sie kam zu mir rüber und ging in die Hocke. «Lass dir etwas Zeit zum Überlegen.»

«Ich frag Ben noch um Hilfe.»

Sie lächelte. «Das würde ich wirklich lassen.»

Ben nahm das Blatt mit der dritten Mahnung vom Steueramt und drehte es um. Mit einem Kuli zog er einen Strich durch die Mitte und schrieb die linke Seite mit *Pro* und die rechte mit *Kontra* an. Dann drückte er mir den Stift in die Hand. «So!»

Wir saßen in seinem verranzten Noch-Wohnzimmer, auf einem schäbigen TV lief das PS4-Home-Menü, das darauf wartete, dass Ben in sein *Modern Warfare* zurückkehrte. Doch der Soldat nahm sich die Zeit, er war jetzt schließlich arbeitslos.

«Ihr habt's nicht getrieben, habe ich das richtig verstanden?»

«Nein. Geküsst. Und so.»

«Und so?»

«Tut's was zur Sache?»

«Ja, hallo, ich warte jetzt seit einem Jahr, dann läuft endlich mal was und dann rückst du nicht raus damit?!»

«Gut, halt so ein bisschen rumgefummelt.»

«Wo?»

«Ben ...»

«Gut, wenn du nicht willst. Wie war's denn?»

«Es war ... ungewohnt. Ich meine ... *so* nahe zu sein. Die letzten paar Zentimeter sind tausendmal intensiver als jede Annäherung zuvor, und sich dann plötzlich gehen zu lassen, das zu tun, was man schon so lange wollte, aber sich nie traute, weil man sich nicht sicher war, ob die Gefühle auch –»

«Ja, ja, ich habe es verstanden. Also. Wir haben jetzt ein Problem, richtig?»

«Allerdings. Wir haben gekuschelt und Mara meinte beim Gehen noch mit so einem Augenzwinkern, ich solle mir doch wirklich *die Sache mit Freiburg überlegen.*»

«Taktisch genial», analysierte Ben anerkennend. «Zuerst lässt sie dich ran und *dann* macht sie diesen Vorschlag.»

«Eigentlich war's umgekehrt, Ben, aber gut, mach weiter.»

Er machte weiter, und zwar voller Eifer: «Das heißt, sie macht dich spitz, gibt dir ein *bisschen* was, aber ja nicht zu viel! *Dann* geht sie wieder und meint damit eigentlich: In Freiburg gibt's noch mehr davon. Und schon hat sie dich am Haken. Ha-ken!»

Er klatschte einmal laut in die Hände. Ich hatte Mara bisher im Traum nicht unterstellt, irgendein perfides Kalkül hinter der besagten Nacht versteckt zu haben.

«Das war sicher keine Absicht», winkte ich ab, und Ben zuckte mit den Schultern und warf dann eine unsichtbare Angel in meine Richtung aus. Ich gab ihm einen Boxer an die Schulter, jetzt grinste er zufrieden, rollte mir auffordernd den Stift zu und legte mir die leere Liste hin. Dann verließ er das Home-Menü und stürzte sich in den digitalen Weltkrieg.

«Ähm ... Hallo?», sagte ich. «Soll ich das jetzt allein machen, oder wie?»

«Ja, oder brauchst du Hilfe für den Scheiß?»

«Natürlich brauche ich Hilfe, sonst wäre ich nicht in deine Grotte gekommen.»

«Schau, Milo, das hier ist wichtig.»

Ich warf ihm einen so vorwurfsvollen Blick zu, dass sogar er kapierte und schon wieder vom Spiel ins meditative PS4-Menü wechselte.

«Also», seufzte er und setzte sich neben mich wie ein Vater, der seinem Kind die Mathe-Hausaufgaben erklären musste. «*Links* kommt alles hin, was scheiße wird, wenn du nach Freiburg ziehst. Und *rechts* kommt alles hin, was geil wird. Kapiert?»

Ich knabberte nachdenklich am Stift herum, und als Ben glaubte, dass ich gedanklich weit genug weg war, ballerte er sich wieder durch eine nahöstlich angehauchte Kleinstadt. Ich schaute zum Bildschirm, nahm jedoch keine Notiz von den Geschehnissen darauf. Stattdessen überlegte ich hin und her, kritzelte mal etwas hin, strich es dann wieder durch und saß schließlich vor folgendem Ergebnis:

PRO

Ich sehe Mara noch
Ich brauche keinen neuen Job
Kann weiterhin geile Platten verkaufen
Neue Leute kennenlernen
~~Ich sehe Ben nicht mehr~~
Weltoffenheit
Gar nicht so weit weg
Robin ist eh auch schon weg

KONTRA

Ich bin noch abhängiger vom Drittel als vorher
Neue Leute kennenlernen
Alle Freunde zurücklassen
Alemannisch
Mein Hochdeutsch
Pierre nervt noch immer

Ben war zufrieden mit meiner Liste. Er las sie während eines Ladebildschirms, aber auch keine Sekunde länger. Kaum erschien das Spiel wieder, brach er ab, richtete den Blick auf den Bildschirm und stieß mich mit dem Ellbogen aufmunternd in die Rippen: «Ordentlich, Milo!»

«Und was mache ich jetzt mit dem Wisch?»

«Häng ihn dir an den Kühlschrank oder so.»

«Sollte das nicht besser an deinen?», fragte ich und drehte das Blatt um, sodass ihm die Mahnung ins Gesicht sprang. Doch Ben fürchtete sich nicht mehr vor Mahnungen, auch nicht vor denen zweiten oder dritten Grades. Er war in den staatlichen Datenbanken schon längst gebrandmarkt.

«Nimm ruhig mit», meinte er nur knapp und ohne den Blick vom TV zu nehmen, auf dem jetzt wieder ein Deathmatch lief.

Ich zuckte mit den Schultern, faltete das Blatt, steckte es in meine Hosentasche und schaute Ben beim Herumballern zu. Er war verdammt gut, wie ich fand, hin und wieder wies er mich darauf hin, wenn er gerade etwas besonders Raffiniertes gemacht hatte. Entweder er war ein Naturtalent oder er hatte wirklich zu viel Lebenszeit auf dieser fettig-wulstigen Ledercouch verbracht.

«Wie geht's bei dir jetzt weiter?», fragte ich ihn während eines Respawns.

«Chillen», meinte er trotzig, und sein Charakter rannte wieder drauflos. «Habe mich lang genug ficken lassen. Will jetzt erst mal wieder Zeit zum Runterkommen haben und die ganze Scheiße vergessen.»

«Und da kommst du durch? Also finanziell, ich meine –»

«In die Fresse!», jubelte er voller Hass und machte einen *Teabag* über der gegnerischen Leiche – fragt nicht, googelt's einfach, wobei, nein, googelt das nicht. Ich kannte diese Stimmung bei ihm. Noch ein Wort über Geld und er hätte mich angeschrien, also gratulierte ich ihm sarkastisch zu seinem Kill, während ich mich fragte, wer hier besser wem hätte helfen sollen.

«Was machst du heute Abend?», fragte Ben tonlos, während er einen Gegner mit einer Shotgun umnietete, was aber dennoch als eine Entschuldigung zu verstehen war. Ich gab ein Geräusch der Ratlosigkeit von mir und er meinte, Dave und Lucy kämen später rüber und ich solle doch bleiben. Ich ließ es noch offen.

Nach seinem dritten Sieg in Folge glaubte ich, die Essenz dieses Raumes und Bens derzeitiger Lebensphase erfasst zu haben, und spürte allmählich, wie sehr es mich abfuckte, hier im Dunkeln hinter dem dauergesenkten Rollladen (kaputt) neben einer starren Lavalampe (kaputt) und Ben (kaputt) zu sitzen und ihm dabei zuzusehen, wie er die Zeit mit einer Shotgun totballerte.

Ein Text von Mara erlöste mich schließlich. Sie und Pierre waren gerade am Ausmisten, wollten für die nächsten Wochen eine große 50-%-Aktion machen und konnten meine Hilfe gebrauchen.

«Du, Ben, ich muss mal los», sagte ich und kämpfte mich langsam aus dem gravitationskraftverstärkenden Sofa. Er antwortete nicht, hing da wie eine Leiche, deren Finger am Controller durch elektrische Impulse zum Zucken gebracht wurden und deren Mund hin und wieder Schimpfworte vor sich hin murmelte.

«Hallo?!»

Ich wollte nach seinem Controller greifen, böser Fehler; einem Fußtritt ausgewichen und davongesprungen hielt ich im Türrahmen an.

«Danke für deine Hilfe», sagte ich trocken.

«Bring nachher Pizza mit.»

«Ich komme nicht wieder, Ben.»

Er wurde erschossen. Alle Sinne lenkten sich auf mich. Seine Augen schauten irritiert. «Wie, du kommst nicht? Jetzt bleib doch.»

«Du zockst ja nur. Außerdem scheint draußen die Sonne.»

Er rollte mit den Augen. Das verdammte Sonnenargument. «Jetzt setz dich hierhin», befahl er wie ein Sergeant und schlug mit der Hand wenig einladend auf das fettige Leder. Er war verzweifelt, er fühlte sich einsam und es ging ihm beschissen. Er konnte es nur nicht sagen.

«Keine Chance.» Ich blieb hart. «Ich muss Mara im Drittel bei etwas helfen.»

«Aaalter», stöhnte Ben und tat, als wolle er den Controller nach mir werfen. «Du Simp.»

«Was?!»

«Und deinen scheiß Zettel hast du auch noch vergessen.»

Jeder Atemzug an der frischen Luft war wie Airwaves nach Bens stickiger Wohnung. Ich schaute zum zweiten Stock hoch, wo die Rollläden unten waren, seufzte und redete mir ein, dass der Typ professionelle Hilfe brauchte und es absolut nicht verwerflich war, wenn ich mich nicht auch in das Loch von ihm ziehen ließ, in dem er seit Jahren ein Leben zwischen Dosenbier und Killstreaks verbrachte.

Ich fummelte meine verknoteten Kopfhörer aus der Hosentasche und steckte sie mir in die Ohren, *This Must Be the Place,* die kleine Versagermelodie für gute Laune, danach der *Ghostbusters*-Song und *Azzurro* von Adriano Celentano, doch der war mir dann irgendwie doch zu düster und Italienfeeling passte sowieso gerade gar nicht, auch wenn in meinem Kopf ein Durcheinander herrschte wie auf einer neapolitanischen Straßenkreuzung.

Der Weg ins Drittel war zu kurz, obwohl ich das Fahrrad die ganze Strecke über schob. Der Laden befand sich wieder einmal in der Twilight-Zone zwischen offen und geschlossen, die Tür war geöffnet, doch innen niemand hinter der Kasse. Ich sah Pierres Rücken, er redete gerade mit Mara, die zur Hälfte hinter einem Stapel versteckt war, eine große Rolle mit 50-%-Klebern in der Hand haltend. Sie zeigte auf eine Schallplatte an der Wand, die sie offensichtlich liebend gern verramscht hätte und damit auf energisches Kopfschütteln von Pierre stieß. Ich war mir ziemlich sicher, dass es die Black-Sabbath-Platte war, die Pierre so liebte. Mara hasste diese Band. Ich stand außen, musste lächeln und hörte erst damit auf, als ich realisierte, dass ich bereits viel zu viel über diese Menschen wusste.

Die Klingel läutete und die beiden beachteten mich kaum, weil sie so vertieft in ihre Diskussion waren. Die Stimmung war angespannt. Erst als Pierre sich mit einem Grummeln ins Hinterzimmer verzog, kam Mara mit einer Muse-Scheibe unterm Arm zu mir, lächelte schief und klebte mir einen 50-%-Sticker an, womit sie meinen aktuellen Selbstwert relativ genau bezifferte.

«Lange nicht gesehen», meinte sie, und ich musste unwillkürlich auflachen.

«Wie läuft euer Preissturz?»

Sie wischte sich Schweiß von der Stirn. «Anstrengend. Pierre ist ... mühsam heute.» Immer! «Aber wir kommen voran. Vielleicht ist etwas für dich dabei? Schau, ich habe dir diese Alice-Coltrane-Scheibe runtergesetzt. Jetzt kannst du sie dir auch mit deinem Scheißlohn leisten!»

Sie strahlte. Als ich nach meinem Lächeln, Note teilweise genügend, nicht wusste, was sagen, führte sie mich durch den Laden und erklärte mir in umständlichen Sätzen, was sie bereits alles sortiert und runtergeschrieben hatten. Stille war gefährlich, jederzeit konnte aus einem von uns die Wahrheit über unsere Gefühle platzen, also redete sie immer weiter und erzählte mir herausfordernd, dass sie vorhatte, Bowies gesamtes Spätwerk runterzusetzen. Sie wollte eine Diskussion anregen. Doch ich mochte nicht. Ich mochte nicht über Musik reden, ich mochte nicht übers Drittel reden, ich wollte nur dumm dastehen und Platten bekleben und umdisponieren, als wären es Pizzaschachteln. Ich war mit dem ersten Schritt ins Drittel heute allergisch auf Musik geworden und die ganzen Rockstars und Plattencover fuckten mich ab, weil ich genau wusste, dass in einem Monat all das hier längst verschwunden und einem Pop-up-Store gewichen sein würde.

Arbeit sollte dabei helfen, sich abzulenken, wenn es einem mal nicht so gut ging. Stand auf WikiHow. Klappte in meinem Fall jedoch nur bedingt. Mein einziges Highlight fand statt, als Pierre wiederkam und merkte, dass ich die 50-%-Sticker immer auf die Gesichter der Musiker geklebt hatte. Er starrte mich an, wusste jedoch genau, dass er nichts sagen konnte, weil ich trotz seiner Scheißlaune eben doch die ärmste Sau im Raum war und ich mir für sein hinterhältiges Spiel, das er in den letzten Wochen abgezogen hatte, noch viel grausamere Scherze hätte erlauben dürfen. Mara ordnete meinen Streich zwischen lustig und mühsam ein, und ich fand ihn selbst nicht mal lustig, es war mehr ein stilles Zeichen des Protests.

«Pierre wirkt angespannt», sagte ich, als wir kurz darauf für eine Raucherpause um den Block liefen.

Mara nickte. «Ich glaube, er hat Stress mit Cathy.»

«Ach?»

«Und mit jeder Platte kommen Erinnerungen hoch ... Du verstehst schon.»

Natürlich verstand ich. Besser als jeder andere.

«Aber er ist total erleichtert, dass er bald raus aus dieser Stadt kann.»

Ich nickte und zählte Kaugummis, die unter meinen Füßen vorbeizogen.

«Wie sieht's eigentlich bei dir aus?», fragte Mara vorsichtig.

«Womit?»

«Mit Freiburg.»

« Mit Frei... Ach, eh, puh ... »

« Ist das ein Nein? »

« Nein, kein Nein. »

« Also – »

« Auch kein Ja. Das ist eine große Entscheidung, das braucht ... Zeit. Ich müsste erst mal einen Studiengang finden, eine Wohnung suchen, all das Zeug eben. »

« Dann leg am besten mal los. »

Dabei hatten wir noch nicht einmal über unsere Gefühle gesprochen. Außerdem blieb ihr ja die Mühe erspart, Wohnung und Studium zu suchen, das klärte alles Pierre für sie. Fast hätte ich einen Spruch in diese Richtung gezündet, konnte jedoch die Klappe halten und vertröstete sie damit, dass ich mal schauen würde, was natürlich eine blöde Antwort war, für sie und für mich. Das hier war eine große Sache, diese Entscheidung fällte man nicht während des Kaugummizählens. Flügge werden, raus aus dem Nest, rein in die große weite Welt, so nannte Robin das. Aber wenn ich die älteren meiner Freunde so anschaute, dann war Flüggesein irgendwie auch eine beschissene Sache.

13

Völlig ungläubig starrte ich auf diese neue Ergänzung meines Pro-und-Kontra-Zettels:

Dave hat mir einen Job angeboten!

Unter meinen nackten Arschbacken spürte ich den kalten Sitz von Bens versiffter Toilette und das Kribbeln einer Million Fäkalbakterien. Mir gegenüber stand meine fast leere Ankerdose auf dem Spülbecken. Ich kaute auf der Lippe. Das war jetzt wirklich aus dem Nichts gekommen, einfach so, Drogen hin oder her, hatte er mir vorhin im Wohnzimmer ein Jobangebot serviert. Einer seiner Jungs war ihm vorgestern abgesprungen. Da hatte ich heute Nachmittag noch für höchstens vierzig Franken drei Stunden lang Platten mit Rabattstickern beklebt, und jetzt präsentierte sich mir eine Stelle mit 21 Franken die Stunde; Mindestlohn, persönlicher Highscore. Ja, machte ich denn jetzt plötzlich Karriere, oder was?

Aus dem Wohnzimmer wummerte etwas mit 130 bpm, eine fröhlich verkokste Runde aus sicher sieben Leuten hatte sich mittlerweile eingefunden. Nach zwei Lines und zwei Bier war Dave auf den Balkon rauchen gegangen und hatte mir völlig überraschend seine Idee erzählt, dass ich jetzt, «wo das mit dem Drittel ja fix», und damit meinte er, «vorüber und erledigt» sei, ich ja bei ihm einsteigen könnte. Er könne meine Expertise gut gebrauchen, ich würde mich gut mit *altem Zeug* (kotz) auskennen. Die Jungs vor mir seien alles nur so House-Cracks gewesen und darauf hätte er jetzt irgendwie keinen Bock mehr: «Ich will mehr auf mich hören. Bald bin ich dreißig, das Geschäft läuft. Da soll man sich mal fragen, was man eigentlich will vom Leben. Und ich werde langsam zu alt fürs Clubben, zweitägige Kater, ich kotze immer schneller ab ... Muss wohl der Körper sein. Und das Rundum ist mein Baby, ich will da mehr Zeit investieren, vorwärtsmachen, verstehst du?»

Vorwärtsmachen. Er schaute nachdenklich in die Wipfel der Bäume. Bens Innenhof war ein kleines Märchenland, das sah man bei Nacht nicht gut, doch mindestens drei seiner Kumpels hatten sich in seinem Garten bereits im Vollsuff verlaufen und waren nie wieder zurückgekehrt.

Dann schaute er mich an: «Du bist jung, Milo, du hast deinen eigenen Kopf. Du sagst, wenn du Musik scheiße findest. Und du findest richtig viel Musik scheiße, und das finde ich richtig gut! Ich meine, es hören ja alle immer alles und alle finden immer alles toll. Weißt du was, ich fand das langsam oll. Du hast *Geschmack*, verstehst du, du hast eine *Meinung*.»

Er war definitiv drauf, aber er redete noch immer in seiner ruhigen Art, und das alles klang so, als meinte er es ernst und als hätte er sich diese Sache wirklich gut überlegt.

Ich schielte zu ihm rüber, eine stolz dastehende Silhouette, die rauchte und mir soeben ein Ticket zu einem Leben angeboten hatte, bei dem ich vor ein paar Wochen noch im Strahl gekotzt hätte. Ich gehörte ins muffige Drittel, nicht auf Fischgrätparkett ... Oder?

14

Das Rauschen des Atlantiks und die miese Verbindung führten dazu, dass ich Robin kaum verstehen konnte. Hilfe musste her und er hatte sich noch vor Abreise verpflichtet, mir weiterhin beizustehen, ein Service, den ich jetzt noch so gern in Anspruch nahm; meine ganz persönliche Hippie-Hotline, 24/7 zu Diensten.

Ich stand draußen vor dem Vasa-Lebensmittelladen. In einer blauen Tüte trug ich Bens Bestellung von zehn Dosen Ankerbier, und aus irgendeinem Reflex heraus hatte ich nach dem Einkauf Robins Nummer gewählt, weil ich sonst vielleicht losgeheult hätte.

« Du sitzt gerade ernsthaft am Strand ? »

« Ja », knisterte es zurück, und wie als Beweis verschluckte das Tosen einer Welle den nächsten Satz.

« Kannst du da mal weg ? »

« Wo weg ? »

« Vom Meer, Mann. »

Robin nuschelte etwas, dann war nur noch das Rauschen der Verbindung zu hören.

« Hallo ? »

Nichts. Dann : « Jetzt besser ? »

« Viel besser. Warst du schwimmen ? »

« Nein, saß nur im Sand herum. »

« Allein ? »

« Ja, allein. »

« Am Freitagabend ? Seid ihr denn nicht am Feiern ? »

« Ja, doch ... Also, tun wir auch. »

« Ihr ? »

« Okay, gut, die anderen sind am Feiern. Ich nicht ... »

Rein an der Satzmelodie merkte ich, dass es am Atlantik wohl nicht ganz so fantastisch war wie auf der Website angepriesen.

«Hatten die keine Google-Rezensionen oder so?», fragte ich, nachdem ich Robin ohne großen Aufwand entlockt hatte, dass die scheinbar achtsam-freiheitliche Community genauso eine Rauschvorliebe hatte wie unsere versiffte Großstadtjugend. Viel Nacktheit, viel Super-Bock-Bier, viel Reggaeton, verdammt noch mal *Reggaeton,* der Mist war die Asiatische Tigermücke unter den Genres, bis in die hinterletzte Ecke der Welt wummerten die immer gleichen Dembow-Beats. Kurz gesagt: Die Kommune war absolut angepasst an die moderne Konsumkultur; MDMA, Mandalas, Volldrauf-Vollmondpartys, ein paar nackte Alibiärsche, weil #Weltablehnung, und kostenloses WLAN für alle, *sharing is caring* und so. Robin wollte nicht leugnen, dass es nicht auch diese Globetrotter-Werbeprospektmomente mit Lagerfeuer und Gitarren und über die Knie gelegten, kratzigen Wolldecken gab, sogar einem Schamanen war Robin über den Weg gelaufen, doch irgendwie war ihm das alles zu, keine Ahnung, verdorben, Red-Bull-Hippies, Leuchtarmbänder, Henna und Dreadlocks. Robin redete viel und lange und er kämpfte gegen seine verdammte positive Psychologie an, die ihn schlussendlich noch zu besänftigenden Onelinern zwang: «Ich muss mich einfach noch ein bisschen einleben.» Oder: «Es kommt ja nie ganz so wie erwartet. Das kann auch eine gute Herausforderung sein.»

Er blieb optimistisch. Er hatte schließlich viel zurückgelassen, sein ganzes Leben, um genau zu sein, und das war zu viel, um sich jetzt von ein paar Goanern abfucken zu lassen.

«Und sonst kommst du einfach zurück», meinte ich ganz selbstverständlich. Ich hatte mich mittlerweile auf die Treppe eines Hauseingangs gesetzt und ein Bier geöffnet. Mir gefiel das Gefühl, mit Robin gerade ans andere Ende der Welt zu telefonieren.

«Ich habe einen langen Atem», meinte Robin überzeugt. «Ich kriege das schon hin. Gibt auch ein paar nette Leute hier.»

Alles klar.

«Apropos nette Leute», kam ich zum ursprünglichen Thema zurück. «Rate mal, wer mir vorhin einen Job angeboten hat.»

«Hm. Rundum-Dave?»

Wie ich das hasste.

«Woher weißt du das denn jetzt?»

«Keine Ahnung ... War doch irgendwie absehbar.»

Ich stutzte. «Ich fand das überhaupt nicht absehbar. Ehrlich gesagt, finde ich das einen ziemlichen –»

«Nein, das ist kein Plot-Twist, Milo. Habe doch selbst miterlebt, wie du vom Rundum geschwärmt hast.»

Er lachte, weil er genau wusste, dass ich jetzt empört protestieren musste.

«Ich habe immer gegen das Rundum *gelästert*», protestierte ich empört, und er kicherte. Wenigstens konnte ich ihn etwas aufheitern. Scheiß Hippies.

«Wie auch immer», sagte er schließlich. «Viel wichtiger ist doch: Nimmst du das Angebot an?»

«Ich weiß nicht ... Ich muss dir noch etwas erzählen. Da war noch etwas ... zwischen mir und Mara.»

Robin renkte sich fast den Kiefer aus und brauchte einige Sekunden, um sich wieder einzukriegen. «Ihr hattet ... was?!», stammelte er ehrfürchtig. Wie lange hatte er auf diesen Tag gewartet, wie häufig hatte er ihn vor seinem kleinen Edelsteinaltar herbeizubeschwören versucht, mir Manifestationen aufgezwängt und andauernd eingeredet, dass ich gut genug für sie sei (auch wenn ich nie das Gegenteil behauptet hatte).

Ich gab ihm kurz und bündig alle Informationen und eine Minute, um vor Freude auszurasten, dann musste ich leider die Stimmung brechen: «Ich bin in einer Scheißlage, Robin. Entweder ich ziehe jetzt nach Freiburg, oder ich bleibe hier und nehme den Job bei Dave an. Für ein Leben muss ich mich entscheiden.»

Ich wusste genau, wie Robin antworten würde, denn seiner Meinung nach gehörte mein Arsch natürlich sofort in den nächsten ICE gepackt.

«So einfach ist das nicht», versuchte ich seinen Höhenflug vergeblich zu bremsen.

«Doooch, das ist eben genau so einfach! Du sagst nur *Ich tu's* und dann tust du's, und schon ist es passiert. Deine Entscheidung, meine Güte, Milo, das ist die Veränderung, die du brauchst!»

Ich wollte sagen, dass ich keine Veränderung brauchte, dass alles gut war, wie es war, doch Robin und der Atlantik raunten mir so frenetisch entgegen, dass meine Worte darin untergingen und ich verzweifelt auf die vollgestopfte Biertüte starrte, die ich jetzt in Bens Loch schleppen musste.

«Ich habe Schiss, dass ich da in was reinlaufe, Robin.»

«Quatsch. Das kommt gut!»

«So wie deine Kommune, ja?»

«Komm schon, das mit der Kommune ist etwas völlig anderes, das weißt du. Dich erwartet ein *Leben,* Milo.»

«Ich wäre noch weiter von dir weg.»

«Freiburg ist keine Stunde entfernt. Du wirst noch oft genug in Basel herumhängen. Brich aus, Milo!»

«Und außerdem will Ben ja bei uns einziehen», versuchte ich ein valides Argument zu bringen, während in meinem Kopf *I Want to Break Free* als Ohrwurm lief.

«Stimmt, ja ... Hat er noch keine neue Stelle?»
Ich prustete.

«Und wie geht's ihm?»

«Ziemlich beschissen, um ehrlich zu sein.»

Ich wusste nicht, ob Robins Handy der Akku ausgegangen war, die Flut gekommen oder irgendein Funksatellit von Weltraumschrott zertrümmert worden war, jedenfalls war die Verbindung von einer Sekunde auf die nächste tot. Ich unternahm noch einen weiteren Anrufversuch, der fehlschlug, dann seufzte ich und nippte an der Dose, nein, eigentlich leerte ich sie zügig, schaute auf den vollen Mond und stellte mir doch tatsächlich dabei vor, wie Robin jetzt auf genau denselben Mond schaute.

Nach gut fünf Minuten fuhr im Haus gegenüber ein ranziger Rollladen hoch und machte dabei Geräusche wie ein Velociraptor aus *Jurassic Park,* und Bens Gesicht erschien im Fenster und rief fröhlich zu mir runter, ob ich das ganze Bier allein saufen wolle.

Und jetzt nahm ich Robins Tipp doch an. Ausbrechen, losstürmen, mit *Break on Through* von den Doors auf Dauerschleife und Maximallautstärke, Kopfhörern in den Ohren und ein Bier in der Jackentasche rannte ich los. Angeschrien von Jim Morrison hetzte ich über die Straße, ausbrechen, um fahrende Autos herum, ausbrechen, sprang über Bordsteine, ausbrechen, ein Stadtgepard auf der Flucht, das Rundherum verwischte zu einem neonfarbenen Pulsieren, Werbetafeln mit schönen Frauen und dummen Slogans, fickt euch alle, immer weiter, weiter, ausbrechen, auf und davon, raus, weg, bis in den Wald oder nach Freiburg oder noch viel weiter, weiter, weiter.

15

Ich will nichts hören, ganz im Ernst, ich glaube, alle anderen hätten es genauso gemacht wie ich.

Ja, ich stehe jetzt im Rundum hinter der Kasse, ich bediene gut betuchte, hippe Kundschaft, die aufgrund des kalten Herbstwetters jetzt mit Parkas und Wollmützen den Laden stürmt. Und ja, ich ekle mich jeden Tag vor ihnen, wie sie immer nur die besten Früchte ernten wollen, die jeder Musiker in seinem Leben hervorgebracht hat, die Bestseller, die *Banger,* losgelöst von Hintergründen oder Geschichten oder Bedeutungen wollen sie *die* großen Alben haben, oder so teures Nischenzeug, das sie sich dann im Wohnzimmer an die Wand nageln können, *Keith Jarretts The Köln Concert,* sogar vor *Kind of Blue* wird kein Halt gemacht. Und natürlich, die ganze House- und Technosoße, die geht halt weg wie nichts, DJs jeden Tag, alte Bekannte von Dave, Residents, Newcomer, alle hip, Sticker mit dem Slogan *Love Techno – hate Fascism* im Gepäck, um politisch ja nicht auf der falschen Seite zu stehen.

Warum der Job trotzdem geil ist: Ich kann bestellen, was ich will. Volles Vertrauen und so, meine Einkäufe gehen eben meistens doch auch rasch weg, gut, mit *David Bowie Narrates Prokofiev's Peter and the Wolf* habe ich danebengegriffen, die gehört jetzt eben mir, Morgensoundtrack. Ich bin mittlerweile voll im Rhythmus, komme morgens routiniert eine Viertelstunde zu spät und arbeite mich dann im leeren Geschäft durch die House-Abteilung. Ich hab's jetzt endlich kapiert. Man muss das Zeug einfach *jeden Tag* hören, dann geht's irgendwann. Man gewöhnt sich dran, stumpft ab, filtert, was weiß ich, jedenfalls kann ich mittlerweile mühelos zum härtesten Techno Mails beantworten und kopfrechnen.

Mit derselben Taktik habe ich mich auch an die Büddel gewöhnt, jeden Tag stopfe ich Maxi-Singles und Raritäten in sie hinein und schiebe sie mit einem freundlichen Lächeln über die Theke. Der Muff vom Drittel ist weg, weit weg, der Laden könnte gefühlt auch in Robins Hippiekommune gelandet sein.

Die Highlights im Rundum sind Listening Sessions mit Daves Kopfhörern und seinen Ambient-Alben. Er hat die Sammlung ordentlich aufgestockt, weil er sich, auch wenn er's nie sagen würde, wahrscheinlich gut fühlt, wenn jemand mit meiner musikalischen Expertise ihn für seine Ambient-Sammlung feiert. Und ich kann jetzt Synthesizerklänge programmieren. Hat er mir auch beigebracht. Und es ist nicht zu leugnen, dass ich diesen Ort bereits mitgeprägt habe, nicht nur das Vintage-Sortiment, das jetzt endlich nicht mehr so heißt, sondern in Genres aufgeteilt wurde, auch ein altes Poster von *Purple Rain* hängt jetzt hinter der Kasse. Finden natürlich alle cool, so ein Mann auf einem lila Bike, richtig edgy. Leider unverkäuflich. Und neben der Kasse steht eine kleine Postkarte, die ich vorgestern erhalten habe, frisch von der Atlantikküste. Robin fühlt sich mittlerweile wohl dort, aber er weiß, dass er wieder zurückkommen wird in die Stadt und Ben dann raus muss. Ja. Der lebt jetzt wirklich bei uns. Ist nicht so schlimm wie gedacht, aber ich vermisse Robin schon verdammt stark und freue mich, wenn er zurückkommt. Ich bin gespannt, ob dann alles anders wird. Aber das glaube ich nicht, ich glaube, dass alles schon sehr bald wieder beim Alten sein wird. Auch meine Tage fühlen sich mittlerweile kaum mehr anders an als zu der Zeit, als ich noch im Drittel gearbeitet habe. Die Sache mit Mara und mir ist irgendwie einfach versandet. Am Tag, als sie endgültig abzogen, habe ich ihnen noch beim Plattenpacken geholfen, da haben wir alles in große, alte Kartons gestopft, und dann habe ich ihrem

VW-Lieferwagen nachgeschaut, in dem sie saß, und dann war sie weg und das Drittel leer und ich allein in der Gasse, und das war's dann auch für eine ganze Weile gewesen mit uns beiden. Bis sie mir letzte Woche schrieb, ob ich sie mal besuchen wolle, mal wieder reden und so, und ich meinte Ja und wusste genau, dass ich es bereuen würde. Und genau das tue ich jetzt auch, denn heute, Samstag, ist der Tag bereits da und ich absolut nicht bereit.

Ich muss noch ein paar Enddreißiger bedienen, die auf Durchreise sind, dann mache ich mich auf den Weg. Dank Ben habe ich es bleiben lassen, eine Schallplatte als Mitbringsel mitzunehmen, das hätte sonst, glaube ich, wieder was mit Simps zu tun gehabt, jedenfalls kann ich Mort Garsons *Plantasia* jetzt sehr zu Daves Freude im Rundum lassen.

Er winkt mir zum Abschied nach wie ein stolzer Vater.

Mein ICE der vierten Generation hat glücklicherweise WLAN, sodass ich nicht meine Offline-Playlists zum tausendsten Mal rauf- und runterspielen muss, sondern mir ein bisschen *Blood Orange* reinziehen kann, bevor ich den Rest des Tages im Drittel in den Spätsechzigern verbringen werde. Ich bin wirklich, *wirklich* aufgeregt, könnte seelischen Beistand von Robin gut gebrauchen, doch um mich herum sitzen nur ältere Leute, die in Zeitungen blättern. Um mich abzuregen, höre ich dann schließlich doch wieder *I'm Not in Love* von 10cc, auch wenn ich mir nicht sicher bin, ob ich die Message des Songs noch unterschreiben kann. Ich hüte mich, im Anschluss *Purple Rain* abzuspielen, auch wenn es mir der verdammte Algorithmus schon wieder aufzwingen will, denn ich habe mich in den letzten drei Wochen sicher fünfmal ungewollt wieder in Mara zurückverliebt, weil mein Spotify das Lied abspielte.

Auch im samtig orangen Licht ist es unschwer zu erkennen, dass das Drittel noch immer das Drittel ist. Das meiste Zeug ist sogar am gleichen Platz wie vorher, copy paste, typisch Pierre, aber gut, macht sich eigentlich ganz hübsch in diesem lauschigen Altbau und sieht bereits jetzt so aus, als wär's seit Jahrzehnten dort eingenistet.

Vielleicht ist es an der Zeit, aus meinem Hauseingang hervorzukommen, in dem ich mich seit zehn Minuten mit einem Rothaus-Bier versteckt halte und ins Geschäft starre.

Mara tritt durch den – leider mitgezügelten – Bambusvorhang, und jetzt erst realisiere ich, wie lange ich sie nicht gesehen habe, meine Güte, keine freie Sicht, leider steht Pierre mir andauernd im Weg. Immerhin sieht auch er verhältnismäßig gut aus, zieht keine Fresse, nichts, steht da und stemmt die Hände in die Hüften, voller Tatendrang, so aufrecht wie noch nie steht er da, lächelt sogar richtig freundlich, während er mit ihr spricht.

Eigentlich wäre es für mich voll okay, jetzt wieder umzudrehen. Es geht ihnen gut, das Drittel ist immer noch wie früher, check, check und check, alles in Ordnung. In eineinhalb Stunden könnte ich mit Ben am Saufen sein, wenn er mich von Bahnhof abholt, sogar noch früher. Doch Maras skeptischer Blick, der zuerst auf ihre selbst gebastelte Schallplattenuhr und dann raus in die herbstliche Dämmerung fällt, sodass ich kurz einen halben Herzinfarkt bekomme, weckt in mir das schlechte Gewissen. Schließlich hat sie mich angeschrieben und gefragt, ob ich vorbeikommen möchte. Da kann ich jetzt nicht einfach einen Abend lang von der anderen Straßenseite aus reinspannen und dann abhauen, also los jetzt, Bier runter und rein!

Die Glocke klingelt viel zu laut, und jetzt schauen mich Pierre und Mara und so an, als sei Ed Sullivan höchstpersönlich gerade aus dem Vorhang gesprungen.

Und was soll man da sagen?

«Hey, zusammen.» Und gern noch ein Lächeln, na bitte, geht doch.

Mara driftet so eng wie möglich um den Kassentresen herum, packt mich, als sei ich eine Schallplattenlieferung, und drückt mich an sich. Sie nuschelt ein paar Worte in meine Jacke, es sei schön, mich zu sehen, und sogar Pierre kommt etwas verlegen angeschlichen und nimmt mich in den Arm, statt mir so dämlich die Hand hinzuhalten, wie wir es ein Jahr lang getan haben.

«Hast du's doch noch gefunden?», fragt er, und ich sage ihm natürlich, dass die Busfahrpläne hier ziemlich schwer zu kapieren seien, und nicht, dass ich sie gerade wie ein Serienmörder eine Viertelstunde lang von einem Hauseingang aus beobachtet habe.

Pierre verzieht sich höflich hinter die Kasse, und Mara gibt mir eine Führung, als wäre nicht noch immer alles am gleichen Ort wie immer, und redet und redet, bis sie auf der Hälfte plötzlich stoppt und sich umdreht: «Du kennst das ja alles schon, oder?»

Ich nicke und lächle und sage ihr, dass ich alles gern nochmals höre. Ich stelle, um den Spaß zu vollenden, ein paar extrablöde Fragen, und sie steigt darauf ein, und das Eis ist so schon ziemlich rasch gebrochen, meine Hormonproduktion wird hochgefahren. Sorry, 10cc.

In einer Ecke steht tatsächlich eine Kiste mit der Aufschrift *Lokales,* ein Überbleibsel meiner Bestrebungen, den Laden zu retten.

«Was ist da so drin?», will ich wissen, und Mara wird richtig enthusiastisch und zeigt mir, dass sie von zig Bands aus

Basel noch Schallplatten gekauft und sie hierhergebracht haben, um sie zu vermarkten, und dass sie gerade auch ihre ersten Freiburger Bands ins Sortiment genommen haben.

Ich höre ihr aufmerksam zu. Sie klingt richtig begeistert, ja, sie wirkt wirklich glücklich hier, und Pierre ist es auch, und ich würde sie schon wieder echt gern küssen, da fällt mein Blick plötzlich hinter ihr auf die Wand, wo wie ein Christuskreuz meine *Purple-Rain*-Schallplatte hängt.

Ich remple Mara fast beiseite, so ungläubig laufe ich dem Ding entgegen, bleibe vor ihr mit offenem Mund stehen.

«Ist das …?»

«Ja, das ist die von dir», meint Mara stolz und rückt an mich heran. «Noch immer das beste Geburtstagsgeschenk aller Zeiten.»

Und ich könnte hier und jetzt heulen, hundertpro; ein Ehrenplatz an der Wand zwischen den anderen Legenden, Jim, Janis, Milo, und das, obwohl ich Mara in den letzten Wochen komplett ignoriert und vergessen habe. Ich würde ihr gern weinend um den Hals fallen und sagen, dass es mir so leidtut, dass ich aus Stolz den Kontakt abgebrochen habe, dass sie es hier verdammt schön haben und ich eigentlich die ganze Zeit über doch nur wollte, dass wir beide zusammen tagein, tagaus Schallplatten verkaufen und uns dabei zufällig ineinander verschießen.

Doch bei etwa 87 % bleibt mein Gefühlsausbruch-Ladebalken stehen und ich kriege mich wieder in den Griff, denn ich will jetzt nicht losheulen, das ist schlecht fürs Geschäft. Also schließe ich kurz die Augen, rattere ein paar Manifestationen runter, tief ein- und ausatmen, Vagusnerv aktiviert, check, System Milo wieder beruhigt.

Ich öffne die Augen. Trocken. Uff. Glück gehabt.

Und Mara vollendet ihre Führung. Einige nette neue Platten haben sie jetzt im Sortiment, die legendäre *Temple of the*

Dog, 1991, Jeff Buckley (auch wenn ich seine Version von *Hallelujah* nicht ausstehen kann; um Streit zu vermeiden, nicke ich nur freundlich und sage «Nice»).

«Habt ihr euch etwa in die Neunziger gewagt?», necke ich Mara, als mir noch weitere Alben aus dem Jahrzehnt auffallen.

«Ja, du hast doch etwas angestoßen», gibt sie zwinkernd zu, während ich die Cover durchgehe, meistens anerkennend nicke und bei einer Maxi-Single von *Pump Up The Jam* loslachen muss. «Kontext?»

Sie grinst. «Da kam so ein Typ rein mit einer Penny-Tüte voll Schallplatten seiner Ex-Freundin, die er loswerden wollte. Und da dachten wir, da wollen wir mal nicht so sein, und haben uns den Spaß erlaubt. Und du glaubst es nicht: Einiges von dem Zeug haben wir sogar *verkauft!* Und schau mal.»

Sie huscht kurz an der Prog-Rock-Ecke vorbei und kommt mit einer *The Dark Side of the Moon* zurück, mit der sie wild herumfuchtelt. «Rate mal.»

«In Euro?»

«In Euro.»

«Hm. Vierzig?»

«Hundertachtzig!»

«Huch.»

«Ich hab's selbst auch nicht geglaubt. Ist die erste Pressung des digitalen Remasters, 2003. Wusste der Typ nicht. Hat sie uns für fünf Euro gegeben.»

«Was war noch mal unser ... euer Rekord?»

«Dieses originale Don-Cherry-Album, versiegelt für vierhundertirgendwas.»

Sie stellt die Platte zurück, und ich folge ihr, und beim Durchschreiten des Bambusvorhangs kribbelt es jetzt doch vor wohliger Nostalgie an meinem ganzen Körper.

Wir gehen ins Hinterzimmer.

Pierre schaut mich an, als erwarte er, dass ich ihm jetzt gleich die Post hinklatsche. Dann kapiert er, dass das nie mehr passieren wird, und tippt wieder irgendwas in seinen Computer.

«Wie läuft's finanziell?», frage ich freundlich, doch er kratzt bereits wieder so versunken an seinem Bart, dass Mara einspringen muss.

«Es läuft *besser*», sagt sie. «Noch nicht supergut, aber besser, und ich meine, die Miete hier ist so tief, die könnten wir auch mit den Verkaufszahlen von früher stemmen. Ist eigentlich schon ein Laden jetzt nach uns eingezogen?»

«War nicht mehr schauen. Irgendwer meinte mal, da käme jetzt ein Bubble-Tea-Shop rein ...»

«Bubble Tea lebt?!»

«Anscheinend, ich kapiere es auch nicht ganz. Aber seid ihr insgesamt zufrieden damit, wie's hier läuft?»

«Das auf jeden Fall.» Sie versorgt eilig noch ein paar Blätter in einem Ordner, als wolle sie die Finanzen nicht *zu* sehr offenlegen. «Aber weißt du, wenn wir dann mal etwas bekannter sind, dann steigen auch die Verkäufe.»

«Soll ich etwas kaufen?»

Sie winkt hastig ab, doch weil ich merke, dass das ganze Geldthema bei ihr nicht gerade einen Euphorierausch auslöst, renne ich aus dem Zimmer und springe durch den Bambusvorhang wieder zurück in den Plattenladen.

«Berate mich!», rufe ich der hinterhergeeilten Mara zu und breite die Arme aus.

Kurz macht sie ein verdutztes Gesicht, dann erinnert sie sich daran, dass solche Spiele fester Bestandteil unserer Dynamik sind, und schlüpft sofort in die Rolle der besten Plattenverkäuferin des deutschsprachigen Raumes.

«Gut, was willst du?»

Dich, dich, rufen tausend Milos in mir.

«Etwas Lokales», antworte ich bemüht.

Sie brummt pierresque und deutet in typischer Maramanier quer durch den Raum auf die entsprechende Abteilung.

Während ich in den Platten wühle, höre ich ihre Schritte auf dem Parkett knarzen und spüre, wie sie über meine Schulter ganz genau beobachtet, wie ich die Cover prüfe. Überraschend legt sie dabei eine Hand auf meinen Rücken, huch, was ist denn jetzt los?!

«Und, findest du was?», fragt sie liebevoll.

«Versiegelt?», frage ich und halte ihr eine eingeschweißte Platte einer anscheinend lokalen Band namens Fatcat unter die Nase.

«Ich sage ja, es läuft nicht mehr wie früher. Wir sind jetzt *offener.*»

Sie malt mit den Händen einen Regenbogen in die Luft, und ich lache.

«Dann nehme ich gern die Fatcat-Scheibe. Aber nur wegen der lustigen Knisterfolie.»

Sie grinst herausfordernd, nimmt mir die Platte aus der Hand und packt sie, natürlich nur, um zu kontern, schon mal aus und schmeißt die verhasste Folie in den Müll.

Gerade als sie den Preis eintippen will, unterbreche ich sie mit der Bitte, ob ich mich selbst kassieren dürfte.

Sie lächelt gutmütig, gibt mit einer übertriebenen Geste den Platz frei und verneigt sich. Sie weiß um die Macht der Nostalgie.

Ich nehme den altbekannten Platz ein, schiebe Fantadose und Drehtabak zur Seite und streichle mit den Fingern das riesige Kassenmonster.

«Ist sie gewachsen?», frage ich amüsiert und beginne, die fetten, rechteckigen Knöpfe zu drücken, als wäre ich nie weg gewesen. Mara erklärt mir unterdessen verzweifelt, dass sie noch alle verdammten Preisschilder in Europreise ändern, sprich auf Hunderte Platten neue Sticker kleben muss.

Ich schlage die Kasse zu. «Wann fangen wir an?»

Wahrscheinlich hätte es keine Rolle gespielt, an welchem Ort auf der Erde sich das neue Drittel eingenistet hätte. Bereits nach wenigen Minuten sind wir gleich wieder drauf wie Kinder im Bällebad und führen unsere üblichen Debatten über die neuen Preise für die Schallplatten. Pierre steht dazwischen und manchmal hört er uns zu und lächelt dann still, ach, Kinderchen, dann brummt er irgendeinen Kompromiss, dem Mara und ich schmollend zustimmen.

Um acht Uhr haben wir zu dritt gut eineinhalb Stunden lang neue Preisschilder beschriftet. Pierre geht in sein Hinterzimmer und macht dort etwas, was man mit etwas Goodwill vielleicht als «sich schick machen» bezeichnen kann; ein anständig(er)es Hemd, die Ärmel streng hochgekrempelt. Und er riecht plötzlich nicht nach Kaffee und Karton, sondern nach Kaugummi und Kölnisch Wasser.

«Er geht auf ein Date, richtig?», frage ich Mara, nachdem Pierre sich kleinlaut verabschiedet hatte.

«Jap. Immer noch Cathy. Er holt sie sogar vom Bahnhof ab.»

Irgendwie süß, ich kann mir ein Lächeln nicht verkneifen, und weil jetzt eh diese Stimmung in der Luft hängt und auf Baden FM, das wir im Sinne von Maras kultureller Assimilation hören, ein schöner Al-Green-Song läuft, geht sie nach hinten und holt eine Flasche Württemberger Wein und die altbekannten Plastikbecher.

Auf dem Weg zu mir nimmt sie von der Kasse noch diese kleine, eklige Schale mit den fettigen Erdnüssen mit und hält sie mir hin.

«Habt ihr die etwa mitgenommen?», frage ich entsetzt.

«Aber so was von», lacht sie, wirft sich eine ein, und ich erschaudere.

Auf einem Sofa wird ja alles immer gleich persönlicher. Nachdem wir angestoßen haben und die Fatcat-Scheibe ihren zweiten Durchlauf startet, beugt sich Mara vor: «So, Milo, jetzt will ich's aber wissen: Wie ist es, im schlimmsten Laden der Welt zu arbeiten?»

Sie hebt herausfordernd die Augenbrauen und nimmt zufrieden einen Schluck Wein.

«Also der Lohn ist doppelt so hoch wie im Drittel», kontere ich meiner Meinung nach ziemlich lässig. «Und das Soundsystem ...» Ich pfeife anerkennend, und sie schiebt die Unterlippe beleidigt vor.

«Okay, gut, aber die Kundschaft?»

«Keine rechten alten Säcke.»

«Ja, okay, dafür pseudoalternative Mittdreißiger.»

«Die immerhin noch bereit sind, Geld für Musik zu zahlen.»

«Weil sie eh zu viel davon haben!»

«Weil sie Musik wertschätzen.»

Ich glaube, man nennt das süffisant, wie ich sie jetzt angrinse, und sie wiegelt noch etwas ab, gibt sich dann aber doch zufrieden. «Und wie ist Dave so drauf?»

«Der ist ganz gemütlich. Hast du gewusst, dass der insgeheim ein *riesiger* Ambient-Liebhaber ist?»

«Red keinen Scheiß.»

«O doch. Lass dich nicht täuschen. Der hat wirklich alles, quer durchs Band. Würde dir unglaublich gefallen.»

Und dann sage ich es, es rutscht mir eigentlich mehr raus: «Du kannst ja mal vorbeikommen.»

Ich halte mir sofort die Hand vor den Mund. Habe ich Mara gerade ins Rundum eingeladen, die Hölle auf Erden?

Ich mache die Augen zu, bereit, eine Ladung Württemberger Weißwein ins Gesicht zu kriegen.

Als nichts geschieht, öffne ich vorsichtig ein Auge. Mara sitzt da und lächelt.

«Du lässt mich am Leben?»

«Ich komme sogar vorbei», säuselt sie gnädig.

«*Du* kommst ins Rundum?»

«Ich komme ins Rundum.»

Sie spricht den Namen sogar ohne das normalerweise folgende Kotzgeräusch aus.

«Du hast dich wirklich ... entwickelt», meine ich anerkennend, und sie lacht: «Jaja, ist gut. Juckt mich jetzt ja nicht mehr, was das Rundum macht. Solange es dem Drittel gut geht, ist mir das Rundum so was von egal.»

Und als wolle sie nicht weiter über die Zeit vor Freiburg reden, rutscht sie schon wieder vom Sofa.

«Was hast du vor?», rufe ich, sehe dann jedoch selbst, wie sie die *Purple-Rain*-Scheibe von der Wand nimmt und sie mit einer für sie außerordentlichen Behutsamkeit auf den Plattenteller legt (was etwas heißt, denn Mara behandelt die meisten Schallplatten wie Schneidebretter).

Keine zehn Sekunden später hallen bereits die pastoralen Orgelklänge von *Let's Go Crazy* durchs Geschäft, und zwar in gebührend heiliger Lautstärke.

«Weißt du, was das Beste ist?», ruft sie mir zu. «Die Wohnung über uns steht *leer*.» Zu diesem Wort dreht sie noch ein bisschen mehr am Lautstärkeregler, und ich grinse schief. Mara und ich sind so was von zurück.

Nach Ende des ersten Songs erhebt sie ihren Becher. «Aufs Rundum», dröhnt sie feierlich, und ich nicke ab und lache in den sauren Wein, der auf dieser Seite der Grenze auch nicht besser ist. Nach dem ersten Schluck erkundigt sie sich, was meine Freunde alle so treiben.

«Erwachsen werden, weißt du», meine ich und schwenke wichtigtuerisch den Wein im Becher. «Arbeiten, studieren, all das Zeug eben.»

«Und du drückst dich noch?»

«Ich arbeite doch.»

«Stimmt, du arbeitest. Und Studium?»

Ich schneide mir mit der Hand den Hals ab. Kein gutes Thema.

«Na gut. Weißt du, ich habe mir überlegt, hier ein Studium zu beginnen.»

«Ach? Und der Laden?»

«Den schmeiße ich nebenbei», meint sie locker. «Jetzt, wo Pierre wieder Bock hat auf die ganze Sache hier, habe ich auch endlich mal wieder mehr Freizeit.»

Ins letzte Wort packt sie diesen Hauch südbadischer Genussfreude und nimmt einen nachdrücklichen Schluck Wein. «Und Ben geht's noch immer scheiße?», fragt sie.

«Ja, noch immer scheiße», antwortete ich gleichgültig. «Ich glaube, wir haben ihn an den Untergrund verloren.»

«Wer sind *wir*?»

«Na ja, was weiß ich, ich und die Koksnasen ... Ins Rundum kommt er jedenfalls kaum mehr.»

«Und Robin?»

«Hängt noch immer am Strand herum mit seinen New-Age-Hippies.»

Sie bedeutet mir mit der freien Hand, weiter auszuführen.

«Aber es gefällt ihm, glaube ich. Er sieht es als eine *Herausforderung*, du weißt ja, alles ist ein Geschenk.»

«Aber er ist nicht durchgedreht, oder?»

«Ach was. Der hält sich schon. Kommt in einem Monat zurück ... voraussichtlich.»

«Dann ist dein Leben ja eigentlich wieder so, wie es immer war», meint Mara, während hinter ihr Prince in *The*

Beautiful Ones herumschreit. «Plattenladen, Robin ... Kein Studium.»

«Genau so ist es», meine ich zufrieden und lege genüsslich die Beine hoch. «Und so soll es auch bleiben.»

Sie schaut kurz nachdenklich, und ich weiß nicht genau, warum.

«Und was ist mit dir?», frage ich darum. «Vermisst du etwas an der Heimat?»

Um Zeit zu schinden, tut sie so, als würde sie auf dem Sleeve den Text mitlesen, dabei kennt sie ihn in- und auswendig, und nach einigen Sekunden meint sie beinahe etwas beschämt, dass sie unsere gemeinsame Arbeit schon oft vermisse. Und dann druckst sie ein bisschen herum und knickt verlegen am Sleeve rum, bis sie merkt, dass das Sleeve ja ein sauteures Original ist, woraufhin sie es sofort loslässt und mich etwas hilflos anschaut. Ich ermutige sie jedoch und gebe zu, dass ich das auch total vermissen würde mit uns beiden, und da löst sich etwas zwischen uns und wir sprudeln plötzlich wie entkorkter Sekt drauflos, tauschen Anekdoten über die gemeinsame Zeit im Drittel aus und wie schön wir es fanden, und es dauert kein *Darling Nikki* mehr, bis wir uns küssen und uns danach etwas verlegen anlächeln. Wir beschließen, dass wir jetzt noch hinaus auf die Straße und uns mit billigem württembergischen Wein abschießen wollen.

Und als wir den Laden verlassen, da brechen die Wolken über unseren Köpfen, ja, wie auf ein Kommando aus dem Jenseits kommt der Platzregen, und ich bin mir todsicher, dass es Prince ist, der da oben gerade dirigiert. Es schüttet wie in einem schlechten Film, wir werden klatschnass und ich muss still lächeln.

Ich bin wieder mittendrin.

Lila Regen.

Ebenfalls bei Zytglogge erschienen

Christina Hug
Unser Haus
Roman
ISBN 978-3-7296-5117-3

Herbst 2002, Paul ist neunzehn und frustriert. Seine alten Schulfreunde sind auf Reisen und er drückt immer noch die Schulbank, weil er sitzengeblieben ist. Als er mit einer Gruppe Freaks ein Geschäftshaus mitten in Zürich besetzt, ahnt er noch nicht, welche Abenteuer ihn dort erwarten: In der bunt zusammengewürfelten Hausgemeinschaft entsteht ein ganz eigenes Biotop mit wilden Partys, uferlosen basisdemokratischen Sitzungen, ungewöhnlichen Freundschaften – und so einigen Komplikationen.

Ebenfalls bei Zytglogge erschienen

Joel Bedetti
Lärmparade
Roman
ISBN 978-3-7296-5078-7

Zürich zur Jahrtausendwende: Die Teenager Janosch und Peter wollen mit ihrer Band «Noise Parade» berühmt werden. Weil die Schweiz kein Land ist, um Rockstar zu werden, reisen sie ins raue Glasgow. Nach einem ruppigen Start bringt ein Gig vor Hooligans schließlich die Wende – der erträumte Plattendeal ist zum Greifen nah. Den Durchbruch vor Augen stürzt sich Peter in Sex und Drogen, während Janosch am Druck der Musikindustrie und der eigenen Erwartungen zu zerbrechen droht.

Ebenfalls bei Zytglogge erschienen

Frédéric Zwicker
Radost
Roman
ISBN 978-3-7296-5055-8

Als der junge, antriebslose Lokaljournalist Fabian bei einem Wettbewerb eine Reise nach Sansibar gewinnt, tritt er diese unwillig an. Auf der Insel lernt er Max kennen. Zuhause begegnen sie sich drei Jahre später zufällig wieder. Fabian erfährt von Max' psychischer Krankheit, die ihn von der Schweiz nach Zagreb und Sansibar, in eine Ehe, in die Vaterschaft und ins Gefängnis geführt hat. Weil Max' Erinnerungen lückenhaft sind, setzt sich Fabian, wie Max 14 Jahre zuvor, aufs Fahrrad. Er radelt nach Zagreb und fliegt schließlich ein zweites Mal nach Sansibar. Auf seiner Reise begegnen ihm Menschen, Geschichten und Gedanken, die ihn für immer prägen werden.

Ebenfalls bei Zytglogge erschienen

Robert Arba
Im Privatwald
Roman
ISBN 978-3-7296-5163-0

Als Mark ein Waldstück mit dazugehöriger Blockhütte überschrieben wird, trifft er vor Ort auf seinen Jugendfreund Ronny. Das anfänglich reservierte Aufeinandertreffen der beiden Mittdreißiger lässt bald jugendlichen Übermut aufblitzen und Vertrauen neu entstehen, schafft aber auch Platz für optionale Lebensentwürfe, die endlich durchgespielt werden können. Im Privatwald erfahren Mark und Ronald, was sie einmal werden wollten, was sie immer noch werden könnten – und was für immer der Vergangenheit angehört.

Ebenfalls bei Zytglogge erschienen

Nadine Gerber
Zug um Zug zu dir
Roman
ISBN 978-3-7296-5156-2

Nora ist Moderedaktorin, Kunstfan und ewiger Single. Gemeinsam mit ihrer Schwester Ennia macht sie sich auf, Europa zu entdecken – und dabei die große Liebe zu finden. Der Plan: drei Monate, zehn Städte, jede Menge Dates – das alles mit dem Zug. Schon während der Fahrt von Zürich nach Wien treffen die beiden Frauen auf Andy. Mit seinen Taschenspielertricks zaubert er sich auf Anhieb in Noras Herz. Doch als sie am Bahnhof ankommen und er die Flucht ergreift, wird ihr klar: Andy ist nicht der, der er vorgibt zu sein. Was hat der geheimnisvolle Engländer zu verbergen?

Ebenfalls bei Zytglogge erschienen

Samuel Schnydrig
Klaus
Roman
ISBN 978-3-7296-5060-2

Ein ruhiges Städtchen im Idyll der Schweizer Berge mitten in den Neunziger-jahren. Das ist die Geschichte von Klaus: wie er die Musik und den Rausch entdeckt, seine erste Band gründet, sich unsterblich verliebt, aus der Stammkn-eipe in die weite Welt zieht, von dramatischen Veränderungen überfahren wird und irgendwie doch zum Glück zurückfindet. Episodisch und linear schlägt der Ich-Erzähler eine Schneise aus Zeitraffer und Slow Motion durch siebzehn Jah-re praktizierte Chaostheorie, in denen viel ge- und erlebt wird, hochfliegende Träume stets kurz vor der Schnappatmung stehen.

Ebenfalls bei Zytglogge erschienen

Stephan Büchenbacher
Saoseo
Roman
ISBN 978-3-7296-5159-3

In einer abgelegenen Laube, in die er sich widerrechtlich einquartiert hat, versucht Andrin, frisch getrennt und arbeitslos, sein Leben neu zu ordnen. Seine Tätigkeit als freiwilliger Telefonseelsorger ist das Einzige, das ihm noch Halt gibt. Eines Nachts meldet sich die Clownin Minna bei ihm, die nicht über den Tod ihres Großvaters hinwegkommt. Die Scham darüber, dass sie ihm beim Suizid assistiert hat, quält sie. Durch intensive Gespräche entsteht eine Verbundenheit zwischen ihnen, die Andrin zunehmend die rote Linie übertreten lässt.

Ebenfalls bei Zytglogge erschienen

Frédéric Zwicker
Carlas Scherben
Roman
ISBN 978-3-7296-5172-2

Nach dem Tod ihrer Großmutter Lili findet die Keramikkünstlerin Carla in deren Nachlass einen Schuhkarton mit Liebesbriefen. Ihr Großvater Paul hat sie 1943 an Lili geschrieben. Eigentlich sollte Carla an einer Installation für die Hamburger Kunsthalle arbeiten, doch in Pauls Briefen und in Gesprächen mit ihrer Mutter Larry tun sich ungeahnte Abgründe in der Familiengeschichte auf. Paul ist seit vielen Jahren tot. Aber er bestimmt die Familiengeschicke noch immer, wie Carla feststellen muss.

© Henri Panchaud

Tim Altermatt
Tim Altermatt wurde 1998 geboren und wuchs in Basel auf.
Er studiert an der Universität Basel Geschichte und Philosophie und veröffentlichte bereits mehrere Texte in Antholo-
gien und Gedichtsammlungen.

www.timaltermatt.ch